阳光下的步履

北京红领巾公园公共艺术展

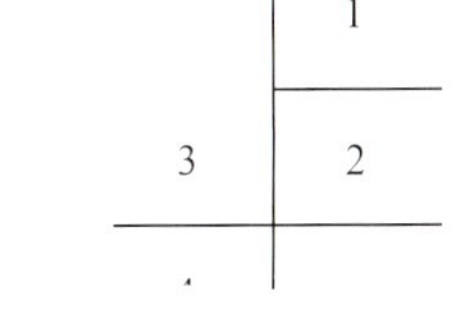

1. 曲（材质：花岗岩） 杨金环
2. 异型路灯（材质：不锈钢喷漆） 许庚岭
3. 芽形坐椅（材质：不锈钢喷漆） 宫长军
4. 芽（材质：不锈钢、仿石头） 孙贤陵

阳光下的步履

北京红领巾公园公共艺术展

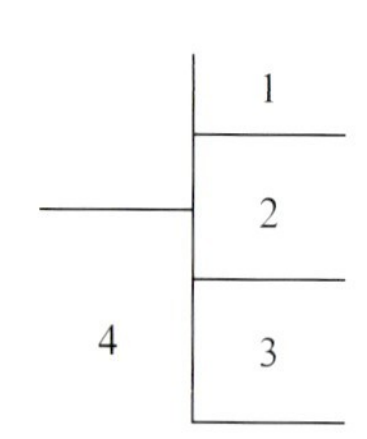

1. 私语（材质：不锈钢喷漆） 琴嘎
2. 欢乐虫虫（材质：不锈钢喷漆） 赵磊
3. 蝴蝶梦（材质：花岗岩） 叶晨
4. 凉亭（材质：钢材喷漆、石头） 尹刚

上海顶层画廊

设计　王澍

国家大剧院设计方案

法国巴黎机场公司设计
清华大学协助

鸟瞰图

天安门广场总体规划图

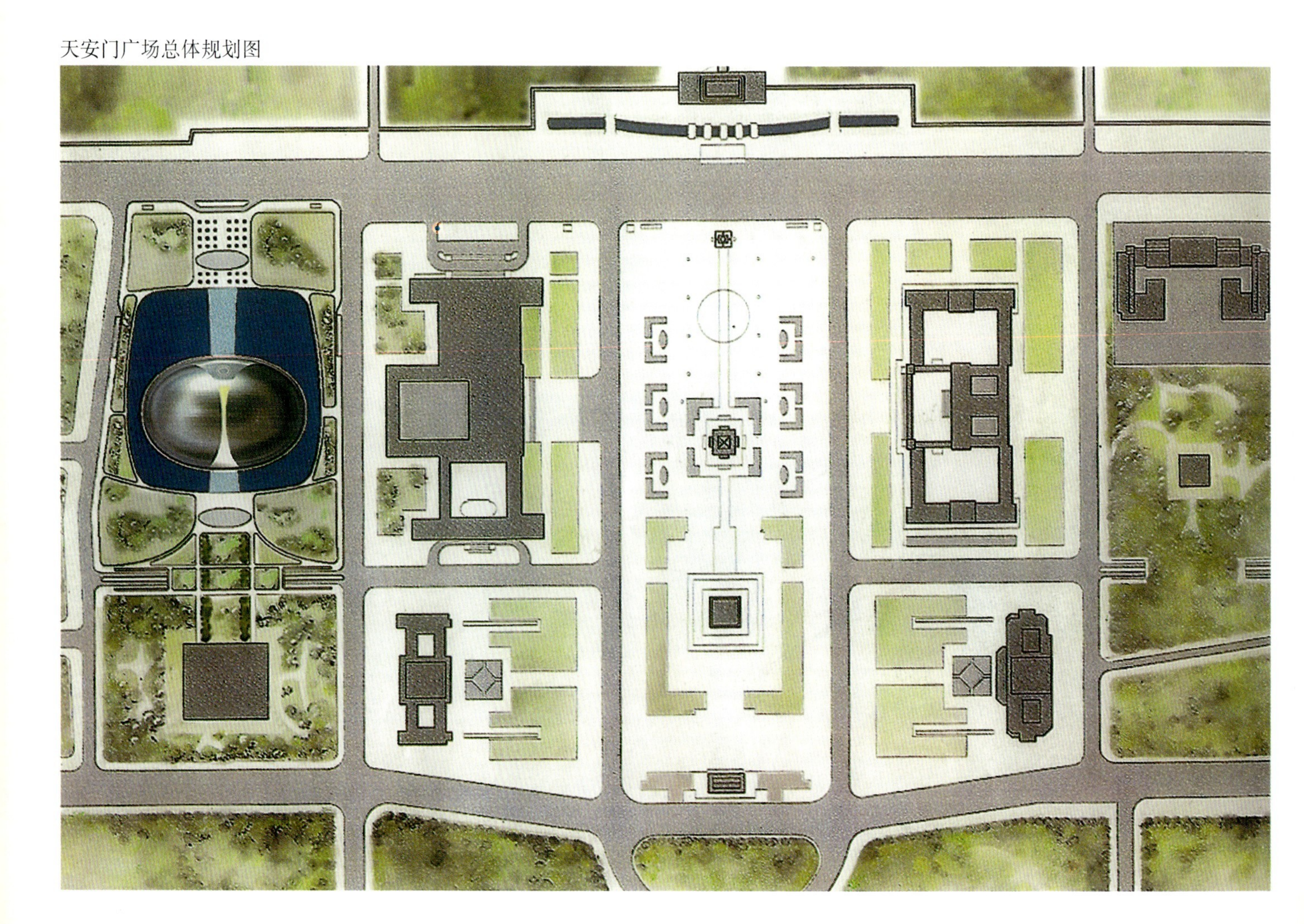

建筑师

97

ARCHITECT

目录

建筑师

[建筑学术双月刊]

第97期2000年12月
（逢双月末出版）

中 国 建 筑 工 业 出 版 社
《建 筑 师》编 辑 部 编 辑

封面　首都博物馆方案
设计：建设部建筑设计院方案组

97期

中国建筑工业出版社出版、发行
(北京西郊百万庄)
新华书店经销
北京广厦京港图文有限公司设计制作
北京市兴顺印刷厂印刷
开本: 880×1230毫米 1/16
印张: 7 彩插: 2 字数: 320千字
2000年12月第一版
2000年12月第一次印刷
印数: 1-3,000册 定价: **18.00**元
ISBN 7-112-04539-8
TU·4057(9989)

图书在版编目(CIP)数据

建筑师. 97/《建筑师》编辑部编.—北京: 中国建筑工业出版社, 2001.3

ISBN 7-112-04539-8

Ⅰ.建... Ⅱ.建... Ⅲ.建筑学-丛刊

Ⅳ.TU-55

中国版本图书馆CIP数据核字(2001)第02748号

ARCHITECT

国家大剧院设计方案讨论

编者按：现在，本刊发表一组讨论法国机场设计公司安德鲁设计的国家大剧院方案的文章，至少表明并非建筑界的两院院士及建筑界人士都反对安德鲁的方案。以来稿先后为序。

时代性与民族性的抉择

——由国家大剧院方案评审所引发的反思

彭一刚

我曾参加国家大剧院的三次方案评审和一次方案咨询会议，并在第三次方案评审会上最先表态支持法国建筑师安德鲁的方案。这样的方案会引起争论，不足为奇，但遭到如此强烈的非议却始料不及。作为方案评委，不免要引发反思，回顾评审过程。现在，谈一点自己的认识和想法。

●未如人意

像国家大剧院这样的国家重大工程项目，采用国际竞赛的方式来选择方案，无疑会引起国内外建筑师的关注，从而吸引了众多一流设计单位和著名建筑师投身于此项工程的设计竞赛。我应邀作评委对于这次设计竞赛也抱有很大的希望。然而，在第一次方案评审会上，我却感到有些失望。所征集到40多个方案，竟然没有一个方案达到了设计任务书的要求。在这些方案中也可以看出一种倾向，即多数中国(包括香港)建筑师提出的方案都在不同程度上关注于文化传统的承传，而外国建筑师几乎对此似无反应。这种情况也表现在评委之中，即参加会议的三位外国评委似乎也没有关注这方面的问题。针对这种情况我曾表明过自己的看法：当今世界尽管在经济上呈现出全球化的倾向，但在文化上却应当强调多元化。目的自然是希望他们能够尊重我国的传统。不过，平心而论，尽管有不少方案试图以不同形式来体现我国的传统建筑文化，以期与特定的环境相协调，但是从效果上看都不如人意，以至在第一轮评审中只有一个中国方案得以入围，这就是由建设部设计院提出的11号方案，其余4个方案均出自外国建筑师之手。有鉴于此，会下部分评委认为有必要加强中方力量，并建议北京市建筑设计院、清华大学建筑设计院和香港王欧阳建筑师事务所，继续完善方案，参加下一轮的方案评审。

●徘徊于两难之间

第二论方案评审会，我因故请假，具体情况不得其详。据了解，会上依然未能挑选出一个比较理想的方案。最终决定由中国的三家设计单位分别与国外三家事务所合作，继续修改完善方案。由于没有参加会议，不了解这样做的目的，猜想可能还是为了取长补短，发挥各自优势，俾使方案既能体现时代性，又能体现民族性。

在第三次方案评审会上，我所见到的只有4个方案，这些方案虽然有所改进提高，但依然不能令人满意，特别是安德鲁的方案改进不大，远不像他所描绘的那样令人神往。至于形式和风格，参加评审的所有方案似乎都距离我国传统文化更远，以至不得不再进行一轮修改。

●该是画句号的时候了

在第四次评审会上出现了一个新的转折，即安德鲁的方案哗然大变，从根本上否定了原来的方案，提出了一个椭圆穹窿形状的新方案，从而成为争论的焦点。经过4轮评审都未能提出一个推荐方案。这种旷日持久的争论总得有个了结，多数评委认为，该是画句号的时候了。正是在这次会议上，评委们从不同理念出发各抒己见，提出了三个方案向中央汇报，最后由中央定夺。也正是在这次会议上，我和其他几位评委表明了态度：支持法国建筑师安德鲁的方案。

●叠床架屋与哥伦布竖鸡蛋

安氏方案给我最突出的印象是高度的净化。国家大剧院分别由大小不等的4个剧场组成，功能要求异常复杂，特别是舞台部分，无论在高度和体量上都相差悬殊。安德鲁的方案把它们覆盖在一个巨大的卵形壳体之下，便极大地净化了建筑物的体形。持反对意见者认为，这是叠床架屋或屋中套屋。我反而认为，这是一种大胆创新。也许有人会说，这还不简单，谁都会在房子上加一个罩子。是的，谁都会，犹如哥伦布竖鸡蛋。但是，毕竟在他之前还没有人想到或者敢于这么干。这种手法是否注定会限制建筑功能?我认为，不能断然地下这种结论。安德鲁当时提出的方案尚处于概念设计阶段，处于这个阶段只能从整体上把握而抓大放小。从当时的情况看，我认为，大的布局基本合理，至于细节问题当有待于进一步深化。

从体形看，浑然一体，既气势磅礴，又不失浪漫。作为一个文化娱乐性的剧院建筑，应当说，是适得其所。特别是与某些张牙舞爪或方正死板的方案相比，更是技高一筹。可以想象，如此巨大的“气泡”漂浮于宁静的水面之上，中央裂开的曲线形“天窗”犹如徐徐拉开的帷幕，每当华灯初上，自不免会给人以梦幻神秘的感受。在我看来，只有这个方案才真正体现了安德鲁最初所追求的那种境界。

●传统不要成为包袱

实事求是地讲，安氏的方案确实没有体现出中国建筑文化的传统，这不能不说是一种缺憾。然而，在时代性和民族性不能兼得的情况下究竟如何取舍、抉择?我认为，还是要选择前者。

中国传统建筑几千年一以贯之。虽然说博大精深，但是从发展的观点看，总不免失之迂缓。姑且不说秦汉，自唐至明清，中国建筑虽然也有一些发展变化，但都只限于量变的范畴，而没有质的飞跃，以致除了少数专业人士，连一般的建筑师都难以分辨它们之间的差别。对比之下，以欧洲为代表的西方建筑却历经了一次又一次的历史风格演变，不仅体现了人们审美观念的改变，也极大地促进了建筑技术的进步和发展。特别是到了近现代，这种变化简直令人目不暇接。从宏观上审视历史，出现这样明显的差异，难道不值得我们深刻反省?喜新厌旧、标新立异、见异思迁一直被认为是贬义词，《红楼梦》中的凤姐无论在婚丧嫁娶乃至喜庆、生日的规格、匮赠，都要悉遵祖宗留下的先例，不敢越雷池一步。在这种文化心态的支配下，怎能不抑制人们的创新精神!我们通常把“五四”运动看作一种启蒙运动，甚或是中国共产党建党之前的思想准备。“五四”提出的民主与科学的口号，实质上是对传统文化所作的深刻批判。不幸的是，时至今日人们的怀旧情结依然顽固，一有机会便借弘扬传统文化来排斥新生事物。在建筑领域中最典型的例子是“夺回古都风貌”的口号，其实际效果如何?老前辈张开济先生的评价是“古都风貌今逊昔”；吴焕加教授则认为，古都应当有新貌。我完全赞成他们两位的看法。

●两位先哲的启示

我们尊重传统，主要是它在历史发展中所起到的积极的推动作用，但决不能把它当成包袱。早在20世纪20年代鲁迅先生在应《京报副刊》征求“青年必读书”[①]中就曾写到：“……我看中国书时，总觉得就沉静下去，与实人生离开：读外国书——但除了印度——时，往往就与人生接触，想做点事。中国书虽有劝人入世的话，也多是僵尸的乐观；外国书即使是颓唐和厌世的，但却是活人的颓唐和厌世。我认为要少——或者竟不——读中国书，多看外国书……”。这在当时必然为国粹派所不容，于是有柯柏森者斥之为“卖国”；有熊以谦者大发议论，谓之“奇哉!所谓鲁迅先生的话”。

另一位是郭沫若先生，他在一篇杂文《痈》[②]中借题发挥：“‘历史小’——的确，这是一个名言，一个天启。中国虽然有五千年历史，那五千年集聚的智慧，实在抵不上最近的五十年。比如白血球吃细菌这个事实我们中国的古人晓得吗?又比如‘历史小’的这句名言，我们中国的旧人能够理解吗?……准此以推：愈有历史者愈小，愈有将来者愈大……”。从这两段引文中可以看先哲们对历史，传统的态度。他们不是数典忘祖，而是以积极态度面向现实，面向人生，面向未来。

尽管如此，我依然认为，安德鲁的方案未能体现中国传统文化是一种缺憾，但希望国人不要把这个问题看得过重，过于绝对。

●敏感地段与包容开放心态

改革开放以来遍地起“洋”楼，不仅没有引起非议，而且视之为当然。但国家大剧院就不同了，它所处的是一个极为敏感的地段。正如竞赛的文件中所指出，它是建造在中国的，北京的，天安门广场附近的。在敏感地段搞建设将备受关注，也最容易引起争论。当年贝聿铭在接受卢浮宫扩建工程设计时，也面临同样的处境。如同北京一样，巴黎也是一个历史文化名城，而卢浮宫又处于它的中心。这对贝聿铭来讲，也是一个严峻的挑战。他直接受聘于法国总统密特朗，应当说，是持有尚方宝剑的。但是，请不要忘记，法国是资产阶级大革命的发祥地，人民享有充分的发言权，加之法国人特有的傲慢与偏执，首先，对于为什么要请一位具有东方血统的美国人来承担此项工程设计表示异议。对于方案本身，则更横加挑剔，其理由当然也是与巴黎，特别是卢浮宫周围古典风格的建筑不协调。极具影响力的《费加罗报》，其挖苦批评之尖锐，更令人振聋发聩。幸好，具有东方人特有智慧的贝聿铭，不仅具有极高的专业修养，而且还有高超的外交才能。在他耐心的说服下，最终还是化解了矛盾，使法国人逐渐接受了他所提出的玻璃金字塔方案。建成之后的实际效果则更加令人心悦诚服，以至被誉为贝聿铭一生事业中所达到的光辉顶点。

还有一个可资借鉴的例子便是华盛顿中心地区。人们常常蔑视美国人，认为他们没有历史，当然也就无传统可言。其实，这个欧洲人的移民国家在建国伊始就把欧洲文明带进了美洲大陆。试看，华盛顿中心地区的总体规划不仅出自一位法国工程师之手，而且悉尊古典手法，呈强烈中轴线对称形式。单体建筑如林肯纪念堂、国会大厦、杰弗逊纪念堂、白宫……等都是地地道道的古典建筑形式。然而，二战之后，情况却有很大的改变。在这条长达1500米的中轴线两侧却插建了许多面貌一新的现代风格建筑，其中也包括贝聿铭所设计的美国国家美术馆的东馆。它与老馆遥相呼应，但在风格上却截然不同。尽管近在咫尺的老馆为典型的古典建筑形式，但贝聿铭在东馆设计中却毫不含糊地采用了极其简洁的几何体块的现代建筑，以强烈的对比与老馆求得协调。

据说，在方案阶段也经历过一些曲折，但却没有“金字塔战役”[3]那么紧张激烈。这大概是由于美国人的心态要比法国人更多一点包容与开放。他们毕竟是移民者的后代，在心理上对于多元文化共存具有更强的承受力。

●天安门、人民大会堂、国家大剧院

北京、天安门、人民大会堂，也和巴黎的卢浮宫、华盛顿中心区一样，属敏感地区，但历史文化背景却各不相同。天安门距今已有近600年的历史，人民大会堂也超过了40年，况且这两者就不甚协调，拟建的国家大剧院究竟应当向谁看齐呢?应当说，人民大会堂已经被广泛地认同，算得上是经受了历史的考验。殊不知当年在方案讨论中也同样受到了专家们的质疑。梁思成先生首先就不认同，梁先生把它列入“西而古”——属最不入流的一类。上海也有6位教授联名致函周恩来，对人民大会堂的方案提出质疑。我的老师徐中先后也以专家的身分应邀参加方案的设计，回到天津后也不无埋怨地说：“就是继承传统，也不能继承到埃及去”(指人民大会堂列柱上的柱头与古埃及柱头相似)。这次出席大剧院方案评审的几位外国评委则认为人民大会堂是苏式建筑。当年，我还是一个涉世不深的青年教师，说心里话，也不是太喜欢这个方案。所谓的吸取传统无非是用了琉璃来装饰檐口，再就是在细部处理上采用一点传统装饰纹样，至于把正中两根柱子的柱距加大说成是吸收中国古建筑加大明间的做法，则更是显得别扭。然而，40多年过去了，我由于出席全国政协会议有机会出入其间，反倒觉得在当年的条件下能够建造这么宏伟的建筑殊属不易。今天回头来看，为人民大会堂设计拍板定案的周恩来总理，确实是颇具政治家的卓识远见。

世界上没有十全十美的东西，安德鲁的方案自然也不可能完美无缺。但与其他方案比较，在处理与周围环境的关系上，应当说，还是比较好的。严格说来，安氏的方案就外部体形而言也当属于几何形体，与贝聿铭的(玻璃)金字塔有异曲同工之妙。这是一种抽象的无风格(non-style)的形式，特别是柔和浑圆的体形，似乎与周围建筑不会发生任何尖锐的冲突和碰撞。至于究竟是“粪蛋”、“笨蛋”或“巧蛋”，那就只能是见仁见智了。

●文化转型期的困惑与期待

目前，我国正处于经济转型期——由计划经济转向社会主义的市场经济。随着经济的转型，势必也会引发文化的转型。再往前回溯，“五四”运动以来，中国的文化就已经开始了这种转型。近日偶读《盛名之下——大明星笔下的讹误》，该书的作者文华先生，我不了解，但是他有一段关于“文化转型期”的论述却发人深思，现抄录如下：“五四运动的伟大意义在于，它是民族文化终于进入了一个伟大的转型期的标志。但是，真正意义上的文化转型在此时并没有开始，这一点我们从鲁迅先生的作品中可以看得非常清楚。《狂人日记》虽然喊出了‘打倒旧礼教’的伟大口号，而现实的转型，较之喊出这个口号不知道要困难多少倍。”……“对于中国文化的转型来说，1979年是一个极为重要的时刻。从五四运动到这时，可谓是中国文化转型的解构期。在这一时期，中国旧的文化模式，即它的价值观与思维方式，虽处于风雨飘摇之中，但一切政治的、经济的变革都没有从根本上撼动旧文化模式的价值观与思维方式。同时，所谓的‘文化大革命’，使这种旧的文化观念的矛盾性暴露无遗，它的价值观与思维方式自我恶性膨胀，这才逼得中国人不得不全面抛弃它，从而进入全面的文化重构。对于大多数人来说，这也未必是自觉的。但是，在这一历史时期，产生了中国文化转型史上最伟大的‘邓小平理论’，这一理论的出现，大大减少了中国人今后的文化重构中的盲目性。”

所谓“解构”、“重构”，我理解就是旧价值观的废弃和新价值观的确立。这种此消彼长的现象无疑会是一个漫长的过程，其中也可能会有迂回与曲折，但是总的方向必然是朝着更开放、更包容、更富现代意识的方向前进。现在中央一再提倡创新，江泽民同志曾指出：“创新是一个民族进步的灵魂，是国家兴旺发达不竭的动力”。这不仅会推动科学技术的进步，也必然会加快文化转型的步伐。以往，我们总是埋怨领导思想保守，从而束缚建筑师的创造性。现在，中央领导同志大力提倡解放思想，转变观念，大胆创新，并身体力行。这次能够选中安德鲁的方案就是一个很好的例证。我认为，中央的决策是有远见的，绝非是受到某些人的“误导”。我们期待文化转型步伐的加快，届时许多纠缠不清的困惑将会迎刃而解了。

注释

①鲁迅．华盖集
②郭沫若．海涛集
③贝聿铭传．第一章标题

2001年2月于天津

（上接第9页）

开来的前进步伐。大剧院建成以后，天安门广场的范围进一步扩展，文化气息加强，空间层次增多，建筑形象更加丰富多彩，天安门广场一带一定更添魅力。

也许有人因为这样重要的国家性建筑物竟由外国人做设计而稍觉遗憾。其实也没有什么大关系。悉尼歌剧院是丹麦人设计的，奥大利亚新国家议会是美国人设计的。为法国大革命二百周年造的巴黎“大拱门”，设计者又是丹麦人，而卢浮宫扩建的设计者是美籍华人。一国采用别国人的建筑设计是很普通很正常的事，建筑文化的交流有助于各国建筑水准的提升。

此刻国家大剧院仍是纸面上的东西，最终的模样和实际效果只能待到建成后才能评说。以上所说仅是个人“投赞成票”的一点理由。敬请指教。

2000年3月18日

附记

这篇文章写于去年三月，交给一个杂志，未获发表。上海一个建筑行业报删节后刊出，听说别处也有摘登的。现在把全文寄给《建筑师》的编者。

围绕选定的国家大剧院方案有许多争论，曾掀起一阵波澜。对于我的看法，有人赞同，有人反对。我收到过多封批评信，有的署名“一个关心中国的老百姓”，有的故意把签名写得让你无法辨认。有一封信写道：“一个小姑娘买一块布料，布料设计挺美，但有人告诉她，料子下水后要掉色，图案就一塌糊涂了，小姑娘说，我不管，我就喜欢它，别的一概我不管，再贵我也要买。”写信人说“您考虑这问题就犹如一个小姑娘”，“我为您感到婉惜，以您的学识、阅历、地位，您不该犯这样的错误。从逻辑上推理，您怎么也不该犯这样的错误，您的错误使我百思不得其解。而在我的眼里，您这位清华大学教授的含金量就少多了”。来信批评得很严厉，但我还感到温暖，写信者是恨铁不成钢呀！

先前有位欧洲哲学家说，对同一件事，有的人喜欢得要跳舞，另一些人会难过得落泪。对于那个大剧院方案，情况正是这样，争论并不奇怪，完全正常。

此刻，还不知大剧院前景如何，大家等着吧。

2001年2月21日识

投一张赞成票

——关于北京国家大剧院建筑设计方案

吴焕加

现在，时常见到“虚拟”这个词，这篇文章的题目也是虚拟的，因为从未有人要我投票。我不过是就选定的北京国家大剧院建筑设计方案谈谈自己的看法：我赞成法国建筑师保罗·安德鲁做的那个剧院方案。

一

国家大剧院功能复杂，要求严格，天安门广场近旁的那个位置尤其紧要，建筑设计工作因而变得难上加难了。种种难题之中，建筑造型最不好处理，而一般人最关注的就是这个问题。

有一年，在德国与那里的同行谈话，我谈起中国建筑师现在设计国家性的建筑，造型风格是个难题。他们听了连说理解、理解。说他们那里现在好办一些，不过以前也很难办。好像是为了证明这一点，一位教授送给我一本翻印的小书，书名是《我们盖房子该用哪种风格?》，作者是海因里希·胡布施，初版年份是1828年。(Heinrich Hubsch:In welchem Style sollen wir bauen?,Karlsruhe 1828)看起来，在社会转型的年代，无论中外，重大建筑采取怎样的风格，都是伤脑筋的事，因为这时候社会思想纷纭，缺少共识，审美观点就难一致。

所谓建筑风格问题首先是样式问题。看看现在中国的城市，建筑物的样式真是多种多样。中国古典、西洋古典、现代派、后现代派、乡土气息、欧陆风情、大屋顶、小屋檐……什么都有。具体到北京天安门广场边上的21世纪的中国国家大剧院，该有怎样的一个建筑面貌呢?

在国家大剧院的几轮国际设计竞赛过程中，中外建筑师提出了多种多样的建筑方案，不说呕心沥血，至少也是挖空心思。评选委员会的委员们也遇上了难办的事，评来评去，看法不一，煞费苦心。一位参与其事的总建筑师玩笑说，折腾来折腾去，弄得大家连什么是好建筑什么是坏建筑都糊涂了。最后，还是有了结果，法国建筑师保罗·安德鲁主持的设计方案被选中了。

二

安德鲁方案第一个突出之点是创新。设计者的指导思想是创新而非袭旧。他设计的北京国家大剧院，与世界建筑史上所有定型的建筑样式没有任何瓜葛。这个剧院建成后在天安门广场一带是新建筑，在全北京也没见过，而且在全世界的同类建筑中都是独一无二的。这个剧院从外面看像椭圆形的大壳体，表层是玻璃和钛金属，光滑闪亮，浑然一体。这个形体和这种材质，像是科幻影片中的宇宙飞船，让人联想到太空旅行，想到天外来客，等等。总之，它令人想到的是未来而不是过去。

这合适吗?我以为是合适的。不同的形式有不同的意义。中国新建的国家大剧院采用这样一个建筑形象，这件事向人们传达一个信息：我们没有在历史成就面前止步，我们正在做前人没有做过的事情，我们面向未来。这正是中国人今天的时代精神。

可是，把这样一个簇新的建筑物放在天安门城楼和人民大会堂的近旁，行吗?不觉得太扎眼吗?

从长安街街面上看，这个剧院大约不会太扎眼，因为它从长安街的路边向后撤退了。隐退是中选方案的另一个突出的特点。这次国际设计竞赛收到大量有新意的方案，但由于立在长安街边上而难于同邻近的建筑物协调。现在中选的方案将剧院主体向南撤，撤到人民大会堂中央轴线那儿去了。从新剧院的北立面到长安街路边，距离在120米以上。剧院周围是大片水池，“宛在水中央”。入口广场的两边，靠长安街的地方是广阔的绿地，树木长成以后，将成为剧院与长安街之间的隔离带。剧院本身相当大的部分放入地下，降低了建筑物的高度。这个剧院在地面上又不设雄伟惹眼的大门，它的入口也在地平线下。如此这般，将来，待树木长高以后，在长安街上，这个巨型剧院不会很显眼。人们要走到它的前面，才会从树隙中依稀看到它的身影，临到入口广场之前，才会望见百米开外匍匐在水面上的剧院。隐退、掩映、藏而不露，本是中国传统造园艺术的手法，现在被用到这个21世纪的建筑上来了，加上形体的简洁和低姿态，便在很大程度上缓解了天安门前新老建筑之间的冲突感。

这个剧院方案的第三个突出之点，是采用了容易与别的形体配合的简朴紧凑的圆弧形体和中性的建筑样式。不同形体有不同的品格。多棱多角，伸胳臂伸腿的建筑体形难于同左邻右舍共处。而圆形、椭圆形比较圆通，容易加入到别的体形群体中去。戒指上镶嵌的宝石、碧玉就常常做成圆形和卵形，它们能与各种服饰相配。这个剧院的闪亮的椭圆形体就好似一块巨形宝玉，较易同周围建筑物共处而较少冲突。另外，天安门广场上的重要建筑都是中轴对称的，这个椭圆建筑前后左右都对称，其东西轴线与人民大会堂的中轴在一条直线上，剧院被编入那个地区的建筑格网之中。

从符号学的角度看，建筑形式是一种符号。历史上产生的各种建筑样式能告诉人们，它是什么时代和什么地方的产物，还凝聚着特定的社会文化观念，等等。因此那些历史的定型了的建筑样式具有各自的地域性、民族性、国别性，带有特定社会制度及思想意识的印记。将要建造的国家大剧院与那一类建筑不同，它属于所谓“高技派”(高技术派)建筑，那是当代建筑中的一种国际现象，历史极短，除了具有技术主义的倾向外，无所谓国别性、民族性和阶级性，也不牵涉什么政治思想意识，它是一种中性的建筑样式。正因为如此。这种建筑样式比那些有明显国别性和意识形态性的建筑样式，更适合用在我们的国家性建筑物上边。

将要建造的国家大剧院比较好地缓解了不同建筑形式之间的对立冲突问题。它不是闯进瓷器店里的野牛。

三

虽然如此，新的国家大剧院与天安门广场上的原有建筑在样式风格上的差异仍然存在，有些人不赞成这个方案的主要原因大概就在这里。

如何看待这里的差异呢?

中国人重和谐，和谐是一切艺术创作的原则和目标之一。然而和谐分单纯齐一的和谐与多样统一的和谐。全用玫瑰花组成的花束是和谐的，但用不同品种的花朵、叶片适当搭配也能产生和谐的效果，插花艺术之道就在这里。单纯齐一是形式美的初级法则，多样统一是高级的也是更普遍的美的法则。中国古人对此有许多论述，例如早就说：“物相杂，故曰文。”(《易·系辞下传》)又说“夫和实生物，同则不继。……声一无听，物一无文。”(《国语·郑语》)中国文化讲求“和而不同”，即是提倡不同而和。洋人也有类似的阐释。18世纪英国美术家威廉·荷加斯说：“人的全部感觉都喜欢多样，而且同样讨厌单调。”(荷加斯：《美的分析》杨成寅译，人民美术出版社1984，P.26)多样统一的前提是存在差异。黑格尔说：“和谐是从质上见出的差异面的一种关系。”(《美学》第一卷，朱光潜译，商务印书馆，P.180)

天安门城楼是明朝传下来的，人民大会堂是1959年落成的，国家大剧院是21世纪的建筑，时间隔的这么远，功能和性质差的那么大，它们之间不可能出现单纯齐一的和谐，只能寻求变化统一的效果。这样看天安门广场上建筑之间的差异不惟是自然的，而且也有其积极意义，并非完全是负面的。

当然，不同而和是有条件的。黑格尔写道：和谐是“这些差异面的一种整体”。荷加斯说得具体：“我所指的是有组织的多样性，因为杂乱无章的和没有意图的多样性，本身就是混乱和丑。”国家大剧院设计者保罗·安德鲁显然知道这一点，如前所述，为使新建剧院成为天安门广场建筑群那个整体中的一个有组织性的分子，他下了不少功夫，效果比别的一些参赛方案为好。

四

一家全是老人，不免沉闷。有老有少才有意思。老人、大人、小孩全穿一色一样的衣服，未免单调。不同服装，互相衬映，便活泼而有生气。街道、广场上的建筑物也是此理。我们到故宫里面，四围都是明清古典建筑，固然统一，但全是历史，也缺乏生气。来到天安门广场，感觉立即不同，原因之一是那儿的建筑物有古老的，有近代的，有现代的，搭配在一起，气象万千，生意盎然。人们在广场上感受到我们民族的强大生命力，看到中国人民继往

(下转第7页)

慈柔之象 宁静之美

——也谈国家大剧院

韩江陵

法国人安德鲁给中国人一枚巨大的、晶莹剔透的蛋。

这枚焕发出过去光辉和未来异彩的蛋，便是他作为众多的应邀者之一，替我们设计的国家大剧院。自业主委员会将这枚奇异的蛋确定为实施方案以来，中国海内外的建筑界、文化界，乃至西方一些国家包括法国在内的部分建筑文化界人士，透过学术刊物、媒体和因特网，纷纷发表评论，其中激赏者有之，坚决反对甚至强烈抗议者有之，挖苦讽刺、贬斥开骂者亦有之。总之是仁者见仁，智者见智，众说纷纭，莫衷一是。这种在我们中国的文化学术界几十年难得一见的争鸣气象，热闹风景，到了2000年6月，当发生了中国科学院和中国工程院部分院士及114名知名建筑家分别联名上书中央政府请求撤消此方案的大事以后，由于媒体的介入，这场圈内人士暗地里较劲争夺的白刃格斗，终于渐渐地从幕后演到了前台，从水底浮出了水面，使得这场争鸣，达到了令人眼花耳热的地步。

冷眼旁观这场剧烈的论争，不仅有趣，还很有意义。

这意义就在，它已涉及到美学、文化哲学以及民族文化心理方面的深层领域，理应受到不仅文化人而且该是众多国人的普遍关注。

首要的问题是：这枚巨蛋，到底好是不好？

这里就有一个评价标准问题。没有一个认识比较一致的评价标准，所谓好与不好，就无从说起。有的论者拿"实用、经济、在可能的条件下注意美观"这个老标准来衡量，指出它在使用功能和超投资方面存在种种缺陷，是形式主义的典型代表。对此倒应该另有说道。我以为，对于一般的、普遍性的建筑而言，实用性和经济性，确实是评价它好与不好的重要标准，甚至是根本的标准，是第一位的东西。但是对于国家大剧院这样的重要文化建筑，它的美与不美，或者说它形式的当与不当，就应该是至关重要的第一位要考量的因素。我这样说绝不是不要实用，不要节约，而是要强调形式的选择，对于这个建筑来说，是成败攸关的头等大事。有幸受邀参与此项目设计投标的国内外设计组织和建筑师，当然也包括安德鲁，应该说在国内外建筑界都享有盛誉，我想他们绝不至于愚蠢到拿他们的职业荣誉来冒险，做出一个不实用不好用的大剧院，来骗人骗己，自毁自己的执业生涯。现代建筑技术的已有成果，足可以解决安氏方案存在的种种难题，我想所有的参赛者对于这些难题，都具有妥善处理的能力。持批评态度的建筑家们对安德鲁方案功能不实用不好用方面的种种批评，对于安氏，该是宝贵的提醒，傲慢的安德鲁有必要表现出他的恭敬与谦虚，并且在建筑技术设计的阶段，严谨认真地去调整修改和完善他的图纸；然而如果我们攻其一点，不及其余，死死咬住它的弱点不放，硬要捅掉他方案的精华，把他的那枚美妙的蛋打破，叫它流出蛋黄来，也不见得就有君子之风，不见得就是明智之举。此其一。

第二，再来说建筑形式。既然形式至关重要，那么安德鲁提供的这个形式，真是我们可以接受的吗？

是的，在中国现存的国家级重要建筑中，安德鲁胆大妄为异想天开做出的东西，是从来没有过的。它很像是一枚蛋。不过，我以为这蛋很美。它并不是"粪蛋"，不是"水泡大皮蛋"，也不是"一只法国鸡"下的"一半摔流了，一半扣在蛋清上"的那个蛋，而似乎是天外文明和华夏文明偶然邂逅产下的巨蛋。在那个无与伦比的巨大的蛋壳里面，将演出梁山伯与祝英台、奥赛罗与苔丝德梦娜的人间戏剧，将回荡起二泉映月和天鹅湖的美妙乐音。

北京是世界文明版图上的伟大古都之一，它拥有紫禁城和天坛，这世上非凡的建筑。然而它们只是我们祖先留下的遗产和财富，却不是我们这一代中国人创造的东西。我们在近现代建造起来的建筑，尽管也有一些值得骄傲的造物，但是比起紫禁城和天坛这样的神品，就可以说是望尘莫及。我们现代中国人，中国的建筑家，乃至泛建筑界的中国文化人，早就引颈翘首以待，盼望在古都北京的煌煌大地，能够有幸驻足凝神，聆听一曲动人心魄的凝固的乐章。

现在，我们似乎有希望可以等到了。安德鲁所选择的形式，我以为不仅恰当，而且可以说是神来之笔，别开生面。是上帝对他的特别眷顾，赐了给他这份千年一遇的、梦寐中闪现出来的灵感。

贝氏在华盛顿美术馆东馆的形式语言中，选择了锐角三角形，在玻璃金字塔的形式语言中，选择了正三角形；SOM在金茂大厦的形式语言中，选择了中国的塔和竹节形。这些都是世界级建筑师选择纯粹几何形式和象征形式作建筑构图母题的成功范例。安氏选择了什么呢？他选择了椭圆形的、浑然一体静静下沉于广阔水面的、慈柔而宁静的、钛合金玻璃的半球。这个形式，是颇有道理的，它不仅同天安门广场地区的城市空间环境和历史人文环境有高层次意义上的共处关系，而且同我们中国古老的文化哲学不谋而合。

让我们先来看一下天安门广场周围建筑的形象特征。南面而坐的紫禁城，辉煌壮阔而神圣，是天子皇权和历史文化的象征；方正端严的博物馆和人民大会堂，庄重威雄而阳刚，是国家政治生活的重要殿堂。在这样的邻居面前，国家大剧院该是什么个样子，该有什么样的表情呢？显然，它不是昔日的皇宫，也不是今日的政府建筑，它只是极具群众性人民性的观演文化建筑而已。它该有这点自知之明，不要虚张声势，不要一本正经，不要板起一副不可一世的面孔。它既不能同紫禁城比权势比神圣，也不可与博物馆和大会堂比崇高比阳刚。所以它不该用大屋顶，不该用摹仿大屋顶的深广飞檐，不该用一切仿古形式，也不该用巨大的方形建筑平面和长长的柱廊。假如它不幸用了，就像有的参赛作品那样，那就不可避免地步入尴尬之境：要么东施效颦，难得讨好；要么喧宾夺主，强出风头。聪明的安得鲁，深知在太岁头上动土的危险，正像当年贝氏面临的处境一样。他避重而就轻，避短而扬长，干脆悄悄地绕过国人所谓“民族形式”的误区与困惑，以包天的大胆，全新的思路，创造出一个似天外飞来的造物。在尺度和体量上，他尽了最大的努力，将这个造物的主体深深地沉于地底，并且远远地从长街后退，只在碧草和水波之上，轻柔地浮出它那“宛在水中央”的美丽穹窿，显出母性的谦让与虚怀。

对这个造物所提供给我们的美学译码和意象，似可以作出如下诠释。

一、天圆地方

椭长半球形的穹顶，是之谓“天圆”；轻托那穹顶的、广阔的方形水面，是之谓“地方”。中国人一看便可以明白，这是我们自己的古老文化哲学。有意思的还有：这天虽圆却又不是正圆，而是长圆，并且那长圆的长轴又是平行于十里长安街。这就不仅同长街取得了和谐的对话，而且还避免了同别的正圆形建筑形式的重复，避免了正圆形型体不能不大大加强其视觉中心地位的不当，仍然把那中心的地位，让给了天安门广场，而自己却甘当拱卫中心的配角。

二、慈柔之象

慈柔，乃老庄哲学的精义之一。老子的《道德经》，将慈柔的母性之德推崇到了很高的境界。比如他说，“玄牝之门，是谓天根。绵绵若存，用之不勤。”“知其雄，守其雌，为天下溪。”“柔弱胜刚强。”“天下之至柔，驰骋天下之至坚。”等等。安氏的巨蛋，柔和流畅，外敛内张，非阳刚之象，乃慈柔（或曰“雌柔”）之象也。这种温柔慈和的母性气息，不仅亲切，而且同紫禁城、博物馆和大会堂的阳刚男性气息，和谐共处于碧水蓝天之间，相得益彰。

三、宁静之美

老庄之学也推崇宁静。老子曰，“重为轻根，静为躁君。”“静胜躁，寒胜热。清静为天下正。”“牝常以静胜牡，以静为下。”等等。安氏的巨蛋，谦下恭敬，从容浮卧于水波不兴芳草如茵的广阔平面，岂非达于宁静之至美哉!

四、大象无形

老子以他极富智慧的文字，深刻阐述了大小多少之间的辩证关系。他说，“大成若缺”，“大盈若冲”，“大直若屈，大巧若拙，大辩若讷。”“大方无隅，大器晚成，大音希声，大象无形。”等等。安氏的巨蛋，形式极其简洁，形象极其精炼，以大象无形称之，我看当之无愧。放眼看看我们国中的一些现代建筑，满大街多是些五光十色五花八门之徒，挤眉弄眼周身是嘴之辈。个体的花里胡哨花拳绣腿倒是不假，然而城市的整体形象和景观，反显得单调乏味，低俗小器，大呼小叫，千篇一律，杂乱热闹有余而纯净大器不足。人们都知道，“少即是多”，是现代主义建筑的著名口号。安氏的巨蛋，其外现的建筑语言，少到实在已无从再少的地步，可以说是“少即是多”的最好注脚。我们的建筑，很需要大手笔，大气度，大形象，并且将那大象，善隐于似是无形的有形之中。正所谓“东边日出西边雨，道是无情却有情”是也。安氏方案所反映出来的设计哲学，足资借鉴。

五、上善若水

大面积地运用水面于重要的文化建筑之中，安德鲁可谓大胆。特别是在北京这样的干燥少水之地，人们对水的喜爱与亲近的情感，是共同的，安氏可谓深投人之所好。中国人的文化心理，对于水似有一分特别的浓情。老子曰，“天下莫柔弱于水，而攻坚强者莫之能胜，以其无以易之。”“上善若水。水善利万物而不争。”将水德视为最完善的德行。儒家学派也看重水德，并进而把它升华为治国安邦之道。孔子说的“知者乐水，仁者乐山”，就很有意思。所谓“知者”，也是智者，是知识者智慧者文化者的意思。国家大剧院，是国家最重要的文化建筑，它的服务对象，当然是广大的人民群众，或者说多是群众中的知者，这是没得疑问的。所以在这个建筑中运用广大的水面，实为明智之举。这片水面，在北京的非冰期，其美好自不待言，就是在冰期，那平如镜面的冰湖，供公众作冰上运动娱乐，其景象之美，亦可想而知。

儒家的民本思想里，还常常拿水来比喻老百姓。“民为贵，君为轻，社稷次之”，“水能载舟，亦能覆舟”，就是这一思想的经典表达。国家大剧院，同紫禁城和大会堂不同，它的性格，应该是最具平民性的。它之为用，应是普通老百姓可以自由出入其中欢乐徜徉其外的快活之地。柔弱清澈的水，是老百姓的一分宝贵精神寄托。中国的古典园林，无论是皇家园林还是私家园林，大凡供人日常居处游玩者，就多有水面，而且那水面，还是尽可能地广阔，就是这个道理。

有论者说，假如安氏的方案“不幸实现了，是近代建筑史上最荒谬的大笑话，我们也可以烧掉所有的建筑系教科书”。我以为此话似乎不妥。第一，因为安的方案而烧掉教科书，那是太抬举了安。第二，纵使教科书被后人改写，那也不值得大惊小怪。后现代主义，解构主义，其实早就已经改写甚至重写了古典主义和现代主义建筑学的教科书了。艺术规则也好，审美趣味也好，并不是一成不变的教条，而是总在不断地流变之中。汉好瘦而唐尚肥，即所谓的燕瘦环肥，就早已是中国的历史，是人所共知的、美学趣味因时而异的著名例子。其实以建筑文化史的视角观之，安氏所做的，仍然只是现代主义的文章，只不过对他的这一个作品，我愿意把它叫做“新”现代主义，或者说是精致的、典雅的现代主义。现代主义的建筑艺术规律，在这里依然随处可见，就像我在本文前头所说的那些一样，他并没有反叛什么。他唯一得罪的，恐怕只是我们国人对于自己传统建筑文化的表浅认识和守旧情怀。

因袭模仿，抱残守缺的保守主义，是艺术创新的大忌。我们的建筑文化界，不幸在这个误区里，已经痛苦地徘徊了近半个世纪。直到如今，人们还不时地从学界的殿堂里，断断续续地听到一些谆谆教诲的、苍老的声音。

对于外国人竞标获胜之事，假若感到民族尊严受到伤害，这种心态需要调整。“但使龙城飞将在，不教胡马度阴山”，无疑是爱国主义的歌诗；然而清康熙大帝不准满汉通婚，不准皇室子弟娶汉家女子的禁条，却不值得称道。中国人真要从文化心理上走向世界，似乎还需要时日，需要重新调整和扩展自己的胸怀。

有的论者对于安氏方案在安全方面的担心，很值得重视。不过要是拿安全问题来彻底否定安氏方案的精华之处，便有过激之嫌。人们都知道，凡人防工程，大多在地下，而且是深深益善。大剧院深埋地底，对防灾只会是利多于弊。任何建筑，不管它多么坚固，在强大的自然灾害和人为的破坏面前，恐怕都会防不胜防，脆弱堪忧。只要采取了充分的技术措施，并且满足国家各种安全规范的条件，就不必杞人忧天。

以上所论，乃一家之言。或许有人会说，你这是对安德鲁的溢美。我倒以为，这些赞美之词，与其说是给了安德鲁，无宁说是给了我们国人自己，是对优秀的中国传统文化哲学的一次温故，一曲赞歌。

俗语“旁观者清”，诗云“不识庐山真面目，只缘身在此山中”，说的都是一个意思。安德鲁之对于中国文化，不过旁观者而已，而我们中国人之对于自己的文化，却恰好就是“身在庐山”，所以反倒容易“不识真面”。这也是无可奈何的事儿呀!

“外来的和尚好念经”，此话显然大有

贬意。不过假如来个反话正说，我看也未尝不可。贝聿铭之于巴黎卢浮宫改扩建，SOM之于上海浦东金茂大厦，都是“外来的和尚”，可是他们的那两本经，念得就相当的好，这已是世所公认的事实。那么安德鲁这个法国和尚，他念的这本经又是如何呢？虽然他还不算已经念完，可我们已听见了他那略带洋味儿的、富有合金质感的清越的语音。更有意思的是，具有象征幽默意味和多重译码的那枚巨蛋，以佛眼看来，倒更像是一只敲之梆然而鸣的木鱼。

那个带着机警狡诘和困惑的眼光，瘦削多须的安德鲁，真是个幸运儿，虽然他对中国的历史文化知之甚少，然而他心血来潮所创造的那只蛋，却从具有深厚文化积淀的中国土地上，获得了丰富的养料。中国人对这只蛋的文化诠释，足可以叫他得到意想不到的殊荣。

有人批评大剧院的评选过程，有暗箱操作之嫌。我对此一无所知，不敢妄加评论。在过程与结果之间，我更看重结果。过程也许不那么美丽，然而结果却相当出色。这或许是天意，是上帝的安排。

当然，我不赞成暗箱操作，选择纵使无过，操作却用暗箱，这不仅无能，而且无德。遥想贝氏当年，面对法国社会对那个著名的玻璃金字塔的强烈反对，他运用东方人特有的儒雅和他的执着、雄辩、机警与智慧，还有他对法国文化和法国人民的充分热爱与尊重，热泪盈眶地激情辩争，终于赢得了那场千载难逢的机会与挑战。

幸运的安德鲁啊！你目前拥有的，还只是最初的幸运，离最后的成功，尚有一步之遥。而这一步，既是艰难的，又是决定性的。学学贝氏吧。

愿上帝保佑他。

2001.2.26. 于北京

后记：小文写罢，意犹未尽。夜得短歌一曲，愿献与读者诸君：

国家大剧院，宁静亦安详；恍如天外蛋，飞回卧故乡。
北枕长安道，东临大会堂；南望平川阔，西接远山荒。
芳草四边合，碧水绕柔墙；穹顶何熠熠，云动天苍苍。
仙管吹钟吕，神弦拨宫商；长绸舞大风，西皮唱二黄。
紫禁宫墙柳，岁岁吐芬芳；从此新邻在，春绿丝丝长。
短歌歌一曲，请君细思量；可怜安德鲁，夜夜起彷徨。

(上接第31页)
与概念是人类的生活方式与当前思维变化的载体。

时常望着匆匆的人群，不由的思量着我们的生活不能只去“look”或“copy”，“touch”也是远远不够的，只有亲身去“experience”才能真正地感受生活，当然决定生活质量的还是看你能不能“creative”。想到这里我不禁会心一笑，生活的真谛不正是与建筑创作是同一个道理吗?难道这就是我想说的? ——建筑就是生活。

窦强(在方案组时间：2000.9～)

还能记得八个人并排走在熙熙攘攘的街道上的情景，每个人的脸上都洋溢着笑容。我能感觉得到一种自信，一种无所畏惧的力量，这就是八个人联在一起的力量。一帮充满活力的各有特色的年轻人就这样从素不相识走到了一起。我们从这里开始了新的篇章。在不同的设计过程中彼此精诚合作，相互了解，相互学习，共同进步，最终成为亲密的朋友。愿方案组能不断保持她的活力，她的先锋性，成为更加具有凝聚力的团体。不仅从设计上，而且从思想上达到一种高度的交融，而且每个成员能为此竭尽所能。

作者单位：建设部建筑设计院

比较中见创新

齐 康

任何事物都是在比较中加以鉴别，通过鉴别才能分出优劣，而创新则寓于鉴别之中。我有幸参与北京国家大剧院建筑设计方案的评选活动，既是一次学习的机会，也是一次不可多得的研究当今中外建筑设计的机遇。

一项优秀的建筑创作，在其成功的道路上总要经历许多磨难和困惑。现在，对选中的国家大剧院方案，在建筑学界有不少争议。我想，赞同也好，反对也好，都将促进方案的改进和完善。

我也主持过国内一些重要工程的建筑设计，同样感受过困惑和磨难。在这样一块有重要历史文化意义的地段上执着创新，是心灵感应的结果，也是坚毅的创作态度的表现。我赞赏创作者的才华和天赋。

从总体上来看，将大剧院建在拥有北海、中南海、什刹海的优美而古老的北京城内，建筑师创造出旖旎而鲜明的整体建筑形态，这无疑是在现代科技条件下，才有可能产生的创新思维。它在最后一轮评选中脱颖而出。与之相比的其他方案，相形见绌。

它不是一座孤立的建筑，而是与人民大会堂的轴线相对应，成为天安门广场建筑群中的有机组成部分。剧院周围的水面最易与四周环境相谐调，水天一色，浑然一体，加上环抱的绿带更使它融于市中心的整体。建筑在长安街上的后退，非常重要。

在功能上，经过多次调整，减少了一些内容，满足了剧院各方面的需求，有机地组织了消防、地上和地下，做到内外空间的贯通，从而创造出一种新的时代的空间。

要评论它的艺术性，使我不能不想起北京城内那两座著名历史建筑。一是位于阜成门内大街的妙应寺白塔，它是外来建筑文化，高大庄严。再一座建筑是北海白塔，秀美而奇丽。前者为尼泊尔匠师阿尼哥设计建造，后者建造于清顺治年间。这两座建筑的风格与中国古代传统建筑风格不相一致，但都被后人所称道。我们可以从历史上，从比较中去剖析文化的交流。

我们所处的时代已进入21世纪。我们需要对过去一个世纪的建筑成就作一次分析和批判，汲取和扬弃，更需要用一种反思的精神来审视自己的建筑观，重新认识哪些是正确的，哪些是不完善的。我们要学习研究现代技术、结构、材料、功能，求创新。我们需要新时代的审美观，超越的审美观。我们同样需要建筑功能是讲求效益，讲求效能的。

对建筑师来说，最宝贵的是实践。一个作品要在实践中去检验。不同的议论是正常的。大家都出于公心，努力促其成功。我们所需要的是学习交流，是在理论上和实践上去深入地研究。

事物在发展，创新是永恒的，其背后包涵着的是知识，是力量，是心灵的感悟。

2001年3月于北京

中国国家大剧院

——作为一个重要建筑事件进行考察

吴耀东

对中国国家大剧院的建设反对也罢，赞成也罢，能够以开放、健康、客观、平和的心态来对待重要建筑事件的发生并不容易。争论会有助于中国建筑事业向前发展，只要争论的内容言之有理、言之有据、言之有物。中国国家大剧院在世界范围内引起的关注与思考相信还会继续下去并被载入史册。

在我看来，中国国家大剧院应该作为一个重要建筑事件进行考察，这就需要关注事件的产生过程，产生机制和产生背景，而不是单单把关注的焦点指向还只是图纸设计阶段的中标方案。即使是中标方案，也是中国相关竞赛机制选择的结果，不同的建筑方案只是反映了不同的建筑师对同一场所不同的建筑理解。

回顾整个竞赛过程，在许多方面反映出我们自身的不成熟，这可以同日本东京第二国立剧场的建设进行类比。日本通过东京第二国立剧场的设计竞赛和建设实施，一方面形成了一整套细致完备的举办大型国际设计竞赛的运作机制，同时修订健全了剧场建筑的设计规范。中国虽已通过国际设计竞赛建成了上海歌剧院，但有关剧场建筑新的设计规范到现在都没有出台，也没有建立起一整套举办大型国际设计竞赛的运作机制。国家大剧院在设计竞赛过程中，单是作为设计前提条件的用地范围就经历了两次大的调整，相关问题，值得认真反思。

事实上，中国建筑师对图上建筑的争论热情大于对优秀建筑作品实现过程的关注，大于对建筑创新能力的关注，大于对建筑建成后评论的关注。对一个民族来说，用心保护优秀历史文化遗产的能力与面向未来开拓创新的能力同等重要。有评论说，中国建筑既没有很好地保护优秀的文化遗迹，大量历史文化遗产在不断被侵蚀和破坏，同时又没有产生出更多富有创造力的新建筑。在世界上许多发达国家和地区，上述两种能力是并存的，而在中国，许多情况下是把两者集中在一栋建筑物上，因而就出现了我们自20世纪50年代以来延续不断却又不十分满意的建筑追求：从“民族形式、社会主义内容”，到“既是民族的，又是现代的”、“既是中国的，又是世界的”等等，其背后包含着许多中国建筑师不断探索的艰辛历程。建筑应该生长在大地上，而不是生长于空洞的建筑口号之中。

我们不妨扪心自问，中国建筑师究竟对“中国的”、“民族的”、“传统的”东西了解多少?又对“国际的”、“世界的”、“现代的”东西理解多深?如果对自己赖以生存的土地都不了解，那又如何扎根?如何能够根深叶茂、硕果累累?“扎根”不是空话，首先心要扎根，这需要建筑师能够捕捉自身对生活和社会的感受，对具体建筑场所的感受，然后把这种感受表达出来。身要扎根，需要建筑师不断用全身心去体察社会、体验生活。同时，创作要扎根，扎根于生活，扎根于社会，扎根于具体的建筑场所，这种扎根并不意味着对社会简单地迎合与适应，更要有批判、改造和创新的勇气，只有这样，社会才能进步，建筑才能发展。

再者，我们不仅要关注建筑的形式，更要关注建筑的功能、材料、技术、工艺和细节作法，只有这样，富有创造力的优秀建筑作品的产生才拥有了坚实丰厚的土壤。我期待着更多具有中国品位和世界品质的优秀建筑作品生长在中国的大地上。

初议国家大剧院

钟训正

遵守设计竞赛规则

国家大剧院的设计自1958年以来，几起几落，历经波折。1998年以前主要是在北京范围内开展竞赛。如果不是上海歌剧院的落成使用对北京施加无形的压力，也许在1998年初就匆匆定案，赶在1999年向国庆50周年献礼了。本来，大型剧场在所有的公共建筑中是最为复杂的，机、电、声、光、空调、舞台装置、视觉要求、结构技术、外部造型等等，无不要求高精尖技术与艺术的有机结合，绝非一蹴而就。上海歌剧院光是舞台装置，从进货到安装就绪就用了一年多时间。既然是国家大事，为保证质量和体现我国改革开放，中央决定不赶节日献礼而采取国际竞赛，成立国家大剧院业主委员会，诚邀国内外著名专家担任评委。经过两轮竞赛，三次修改，历时一年零四个月，应征方案先后达69个，国内30个，国外39个。最后，由业主委员会报送中央三个方案。主送的业主委员会有权征集各方面的意见后提出倾向性的看法，供中央参考。中央经过讨论研究，选用了法国安德鲁的方案。整个征集评审报送过程不能说不慎重、不规范、不透明。在方案深入和付诸实施阶段，不少热心人士联名上书中央要求撤消此方案，媒体也连篇累牍发表文章，沸沸扬扬。我国是改革开放中的发展中国家，需要开展国际交流，引进外资和技术，以促进我国建设事业的蓬勃发展。这次竞赛是一次由政府出面的大规模国际竞赛，事关国家声誉，即使结果不尽如人意，也不能轻易否定竞赛规则。如果单方面撤消决议，出尔反尔，今后在国际活动中将何以取信于人。

设计依据的质疑

国家大剧院位于极为敏感的地区，给规划和建筑设计带来极为苛刻的条件，偏偏在我国建筑界的创作思想上又习惯于向“后”看。因此，提出的设计原则：一看是个大剧院；一看是个中国的剧院；一看是个在天安门旁边的剧院。三个“看”难倒了中外建筑师，使他们莫衷一是，无所适从。

“一看是个中国的剧院”

我国建筑师在创作时习惯于寻根，找依据、找出处，求历史文脉的延续。然而，社会在发展，人们对生产和生活的需求日趋丰富，建筑也产生了不少前所未有的功能内容和规模，在创作时几乎无据可依。我国历史上从来没有出现过类似歌剧院这样的大型空间和复杂的舞台设施。传统的中国剧院戏台小而简陋，“观众厅”因为没有大跨度结构，一般都很小，或是一个露天的院子，贵宾和家属(或王公贵族)才能占有正厅和厢房檐廊下的席位。而今面对如此一个内容全新，规模宏大，设施复杂又是四位一体的建筑，要求它代表中国文化，富有民族精神，又要体现时代性，其难度可想而知。于是，中外建筑大师们按照自己的理解和意愿来一个八仙过海。遗憾的是，我们的老祖宗未给我们以任何启示，无根无源地探索很难得出有依有据的理想成果。尽管经过各方努力得到方案前后共69个，安氏方案反对者似乎也推荐不出一个差强人意的方案。

“一看是个在天安门旁边的剧院”

任何大型的公共建筑，总是要与环境相协调，成为大群体的有机组成部分。在天安门地区，自然就是要与天安门建筑组群和谐相处，要协调的大环境是天安门主轴线所属的组群，如正阳门、天安门、紫禁城等。国家大剧院所在的小环境就相对简单得多。北边隔长安街只是一道红墙，南边和西边在规划上都是待拆的建筑，待建的还是未知数，有直接关系的协调对象就只有东边的人民大会堂。在这种思想指导下，1984年在同一基地选定的人大常委办公大楼基本上就是人大会堂的翻版。1997年几乎要定案的国家大剧院方案差不多就是“人大会堂二世”。人大会堂似乎名正言顺地成为创作的样板。人大会堂是向国庆十周年献礼的重大政治工程，那时是善于创“奇迹”的年代，从设计到施工落成只有一年的时间。集17万m^2于一体的人大会堂，其规模和体量是史无前例的。我国低矮的传统木构建筑的比例尺度法式对付不了这么一个庞然大物，特别是舍弃了大屋顶，建筑师就束手无策。可能是出于建筑师和领导的无奈吧，既无时间推敲，就只得借用西方古典石构建筑的比例尺度，以其粗壮、浑厚和沉稳显示建筑的宏伟和辉煌气度。为了消减“舶来品”之嫌，在檐部加了我们民族专有的琉璃，以及在某些细部上用了民族传统的符号。整个建筑没有体现什么时代特色。说实在的，它在天安门地区尚属异类，也可说是八国联军以前的“入侵者”，与天安门、正阳门、故宫群体拉扯不上什么关系，它长期作为一项不容非议的政治工程和客观存在，被人们默默地接受了，习惯了。但是，如果以它作为设计创作中与之协调的主要对象和样板，稍有个性的建筑师是不会甘心的。人大会堂已走错了方向，如果国家大剧院再步它的后尘，岂不一错再错。从这种意义上讲，安氏的“割断历史”，恐怕是事出此因吧。

创作思路的宽容与开放

在建筑创作中，我们常被教导：“百花齐放、百家争鸣”。本来，创作的道路条条通“罗马”，不存在只有“真理”一条路。对创作思路应该宽容，我们不是对源出于西方古典的人大会堂形象已经宽容了吗。我们不能太热衷于把历史上作为瑰宝的历史文物当作不可更改的典范来仿效，不求形似似乎就不足以表达我们浓厚的民族感情。“夺回古都风貌”时期我国的国门北京西客站不就是一例吗?反观国外许多国家，也很尊重传统建筑文化，往往因维护传统建筑环境而让新建筑隐蔽或退居配角。他们在传统文化较浓厚的环境安插新建筑时，绝不重复传统建筑的形式与细部。从大处着眼，与传统建筑只有神似的协调。当然也有对比，特别是在时代感和技术的对比上有着鲜明的特色。如华盛顿的现代美术馆东馆，巴黎卢浮宫的扩建，慕尼黑市中心历史保护地段的Max-Planck公司总部大楼等。他们对传统建筑的模拟也只有在复原那些被战争摧毁的老建筑时才用。在国际设计竞赛中，我们该有泱泱大国的气度，也该有宽厚的包容量，不宜对不合自己胃口的创作就极尽讽刺的能事。对一个复杂的大型建筑来说，十全十美，无可非议的创作方案是不存在的。69个国家剧院方案中，未中选的68个更不是无可挑剔的。设计思想纷呈的大规模的国际竞赛，实际也是一个拓宽我们创作思路的重大契机。我们不能自卑，我们有别人之所不及的长处；我们也不能对外一味排斥，应该取别人之所长为我所用。事实上，在国家大剧院方案的进展和演变过程中，我国建筑师不管出自无奈还是出自衷心，其设计思想也在变，已从传统的老套路中逐渐脱颖而出，但愿从此开创一个新的局面。

经历记忆的作用

经历记忆是指在历史上出现过的事物在人们的记忆中留存的印象。这种记忆或印象应随着时代和社会的演进而作出相应的修正，不能一成不变地作为创作的依据。例如，作为西方历史上城市建筑群体主宰的宗教建筑——教堂，在科学不昌明的中世纪以前，为体现神祇震摄人心的无上威权而刻意追求建筑的宏伟、森严和神秘。而现代的教堂，人们多半在此寻找精神的寄托，神已逐渐人性化，因此教堂建筑又转向亲切和开朗。又如，过去的图书馆以书库为其主要标志，书库又以书架间设置长条竖窗为其特征。现在的书库不少已开架，有些已用密集书库，今后又将大力发展光盘，图书馆的形象必然会因之更新。再如，往地下走的入口使人的记忆联系到进坟墓、地铁、人防，甚至意味走下坡路。今后城市的发展，开发地下是必由之路，日本的地下城就深而广，功能内容几乎无所不包，容纳交通、生产、生活的各个方面。人们对地下空间的观念不会不变，就像上楼不意味着登天堂，入地也绝不是进地狱一样。社会的进步、科技的发展已是日新月异，必然要求不断更新建筑的功能、空间、材料和技术，以及人们的价值观、世界观、审美观。所有的创新、发明，固然有过去的经验和知识的积累，但如果没有发展和突破，怎能得到焕然一新的成果。只按经验或记忆为行事的准则，容易为陈规所缚、太多地依赖过去，又如何能拓新未来。

基地的大小，方位与建筑体形

对四位一体的国家大剧院，我原来认为，可借鉴纽约的林肯中心和洛杉矶的音乐中心的布局。它们是一个建筑组群，共享室外的开敞广场，它们可广纳市民，成为市民所喜爱的活动中心。这个分散而又内聚于广场的组群，建造较易，可分期营建，维护和维持都较简单，管理方便，节约能源，特别是各剧场可独立开放而不影响其他。但是，国家大剧院基地原来的进深仅166m，临长安街的面宽为224m，无法容纳这一庞大的组群及室外的开敞空间。此外，在天安门广场区和人大会堂的一侧，体块似乎也不宜分散零碎。当然，减少内容如两位一体或三位一体倒是上佳的解决办法，但是这又当别论。

安德鲁设计的简洁的扁椭圆体，空间内敛，虚实相间，中轴线上有一开放的玻璃面，透过玻璃可见到孕育着的歌剧院，它将四个场馆归于一体(三个场馆并列，一个小的在地下)，扁椭圆体顶墙一体化，没有任何附加体，静卧水面，有水下通道直达大厅，既保证椭圆体的完整，又给人以豁然开朗的惊喜。这样一个扁椭圆体属中性，也可以说无属性，它无棱无角，与周围的建筑不争不抢，安详平和。扁椭圆体并不高，对天安门广场和城楼不露峥嵘。部分剧场空间置于地下。如此处理除了降低椭圆体高度，也为了方便大部分来自地铁和地下车库的人流。在敏感的城市中心地区开辟地下也是顺理成章的事。如巴黎卢浮宫四万多平方米的扩建就全在拿破仑广场地下，仅露出作为标志物的玻璃金字塔入口。假如在这一个U形广场再树哪怕1/4扩建面积的体块，那就不堪设想了。不少大学在布局已臻完美的校园加建图书馆时，也将其置于地下，如耶鲁大学、哈佛大学等等。

扁椭圆体受不利方位的影响最小。一般说来，重要的公共建筑物正面都应朝阳，最佳方位是朝南，东西向次之。国家大剧院恰恰是坐南朝北，处于最不利的方位，如果按常规建造方整的建筑，它的整个正面则将处在阴面。这对一个最有标志性、最富有公共性和城市景观最重要的建筑来说将罩上“阴影”。扁椭圆体主要特点之一就是不论何时它的阴面都是最小的，除了直射阳光，大部分扁圆弧面还反射天光。明暗的界线也较柔和，它本身投射的阴影也最少。也由于是圆弧面，天气不论阴晴，不论从任何角度来看都会有高光显现，从而增加了椭圆体的晶莹感。

简洁≠简陋

形体的简洁绝不等于贫乏、单调。这当然还要看它的材质和加工技术，就像顽石和宝石有所区别一样。简洁更有可能象征永恒，不因时间的流逝而落后或衰退。我们再例举卢浮宫拿破仑广场的玻璃金字塔，它是最古老而又最简洁的形体，可以联想到远古的文明，它是传统建筑最早的“根”，比卢浮宫更有历史意义。它又是最富有时代特征的，晶莹剔透。随着光的变化有时反映蓝天行云，有时透过它可见卢浮宫的完整形象，对下部的广厅它又最大地满足采光要求。另一例是美国圣路易斯城纪念西部开发的大拱门。它实际上是一个内容丰富的组合，露出地面的只是一个高三百多米不锈钢蒙面的抛物线大拱，人们可乘特制的电梯登临拱顶俯览全城。地下有展厅、电影厅、餐厅、台阶型的电梯厅等实用性空间。抛物线拱断面为三角形，力学性能极佳，形体刚劲有力，没有一点多余的部分，不锈钢蒙皮对光的反映特别灵敏，随着人们视点的移动，高光也随之变动着位置。天光、地面反射光使拱门产生丰富的色彩冷暖变化，令人领悟到简单中蕴含着极大的丰富。它的简洁造就一个万古不衰的形体，永远在时代的前列。这些建筑的成功都得到公认，谁也不能说它割断历史，与环境冲突。总之，这些简洁的基本形体必须以新的材质，高精技术以及与环境的融和来赋予它新的生命，新的内涵，这是老材料和原始技术所不可企及的。

大屋顶之争

现拟采用的国家大剧院屋顶，是一个包涵墙与屋盖的连续的扁椭圆体，它的简洁单一似应不成其为反对它的理由，前已述及不再赘言。过分非议它的空间利用和造价也有欠公允。人们常用以作为对照和典范的有澳大利亚的悉尼歌剧院，褒扬之词不绝于耳，有人说它已是完美无缺，无可挑剔。的确，作为港湾雕塑来说它的环境效益远大于实用价值。但是，将实用性的公共建筑整体作为雕塑毕竟不是方向。悉尼歌剧院的造型实际上是一个大台座加上多个帆状的壳体，它在实践中不是没有波折和争议的。在整体空间中无用的空间很多，施工和制作极其繁复，虽然后来找到了从75m球面上截取大小曲面，从而得出曲率统一的办法，但部分小体积的“帆”面仍须另求曲率，不然弧面就接近平板。此外大小“帆”面边界条件的复杂性也是制作和施工的难题。它的实践道路很不平坦，整体造价竟超出预算14倍(有人说是17

倍)。如果不是它招来那么多是非，设计者伍重也不会在关键时刻辞职。另一例是上海歌剧院，它有一个特大的屋顶，与国家大剧院内敛的扁椭圆体相反，似有向外扩张的“侵略”性，且有几分“霸气”，屋盖在两侧各挑出20余米，反曲屋面矢高很高，由于屋盖内空间极大，竟反常规地将沉重的机房置于其内，当然还要外加复杂的防震措施。屋盖之超大超重，使其下部常规的实用性支承空间似乎不堪重压。这一以屋盖为特色的建筑，屋顶的造价所占整体的比重恐怕不会低吧!中国历史上的重要传统建筑如宫殿、庙宇从来就是低层建筑。它们之所以壮丽辉煌与宏伟，几乎全靠额枋以上的大屋顶来体现，可以想见其造价占总造价的巨大份量。由上述举例看来，对国家大剧院这一现代技术的壳体屋面似应稍加宽容,更何况在它的庇护之下，各个剧场的外装修可从简，而它们的隔热御寒、防漏防潮也就容易得多。

安氏论点的理解

据说安德鲁曾有过侮辱中国文化的论点，其中关键的一句是:“要保护一个古老文化,最好的办法是把它逼到危机的边缘”，另外还有一句“我就是要切断历史”。两句一凑合，事态显然加重，它们被认为完全是殖民主义无理的语言，是文化侵略。有人甚至还建议我国领导人炒安氏的鱿鱼。光是前面的一句话确实另人费解: 古老文化既要保护，何以还要逼上绝路。后面一句可能是注解，似乎等于“干脆就一刀两断”。但是，转述安氏论点的还有另一种版本，它出自对安氏创作持批判态度的应朝先生的文章《建筑文化再议——国家大剧院中标方案述评》。他转述的是:“保护一种传统文化就应该发展它，使它有生命力，发展就会冒险，就会处于危险境地。”语意何其明确，它最多也不过有“置之死地而后生”之意。

疑虑

尽管前面给安德鲁方案就我浅薄的水平作了一些辩解，并不说明安氏方案是无懈可击的。总还有些令人心里不踏实的地方，就以水底通过和水池本身来说吧:

1. 虽然现代技术解决了海底及江底交通隧道，以及水族馆水底观光廊的渗漏问题，但此水底通道面积大，人流高度集中，如果发生灾难性事故，如地震、人为破坏等, 怎么办?通道整个顶部是否需要全部视觉开放而与大水体全面打通，可否部分视觉开放，其水体与大水体隔断。

2. 冬季结冰时如放干池水，偌大一个干巴巴的池底将何以见人，如不放水又如何防止冰体破坏池底结构?

疑虑当然不止这两点，但我衷心希望设计者重视各方面提出的疑虑，予以妥善解决，也许会为我们今后的创作思路更能拓宽几分。

针对国家大剧院方案，评论界空前活跃，一反过去一边倒的对国内建筑歌颂式的评论，敢于针对基本已成定局的方案畅述自己不同的见解。这是我国众口一词、沉闷单调、四平八稳的评论界改观的良好契机。但愿评论对国内外一视同仁, 不以个人利害关系论事, 即不要基于这样一种思想: 国内建筑师非亲即友, 低头不见抬头见, 给人面子也给自己留点后路; 外国人与我毫无瓜葛，对其尖酸刻薄又岂奈我何。

2001年3月于南京

(上接44页)

第二，发展生机勃勃的CBD，必须尊重人间尺度, 重视提高步行者空间环境的质量。

第三，发展有魅力的CBD，应该继承都市的历史和文化, 发展和提高都市特色。

第四，为了提高CBD的中心性，减少家庭用车的利用，必须积极整备适度规模的公共交通。

第五，要保证都市的发展和生活环境的充实, 必须依靠政府和市民的共同协力，制定合理的“开发管理政策”。

都市的经营和管理远远重要于都市的开发, 而制定具有远见的政策去指导经营和管理都市就更加重要，有效发挥都市特性，并继续保持和发扬，应该是我们的使命。

北原理雄，日本千叶大学工学部都市环境系统学科教授
姚琳，日本千叶大学大学院博士研究生
傅克诚，上海大学教授

说说看法

刘 力

最近，在同学聚会、与画家聊天、同甲方谈工作等许多场合，大家常常不约而同地谈到国家大剧院，而且大多提出一些相同的问题，如大剧院是不是停了？大剧院还是那个方案吗？可见，媒体上的一片反对声造成了多么大的影响。每当这时，我都发表一些看法，大体如下，属一孔之见。

一、法国保罗·安德鲁与清华大学合作方案入选，英国泰瑞·法雷尔(Terry·Fareell)与我院合作方案落选。

前年元月，我陪同魏大中等6人赴伦敦泰瑞事务所合作设计国家大剧院的接近决赛阶段的方案(几经筛选只剩6家，国内外各3家合作设计出了3个方案)。在伦敦做了一个穿过中间观众厅下边而勾通南北地段的方案，外墙透明，用智能玻璃，屋顶为多个双曲面集束。模型是在伦敦做的，用金色调，可看到室内外墙的红色亮光，落落大方，建筑空间很有层次。返京不久，元月底把方案送到文化部，顺便见到安德鲁与清华分别做的两个方案，他们之间似有分歧。安德鲁的方案是中轴线上莫明其妙地加上一块正方形金板，让人感到技尽与无奈，而清华的方案虽很精致，注意传统，但太像装修设计。此后，到4月底再做一轮。大约在5月份见到安德鲁到法国南部失踪15天后，突发奇想做出的卵形方案，令人耳目一新。这个方案还居然引起北京市规划局一位比较稳健的朋友亲手勾草图研究这平面图。

不久，泰瑞拿出修改方案。这是一个像灵芝一样的双圆屋顶，并保留了其他基本要素。感到已失去原创的新鲜感和灵气。一是双圆顶让人感到向安德鲁靠近，失之于“仿”字；二是失去了锐气，联想到无力的挣扎。而安德鲁是借卵形让艺术家激动的东风，得到专家组多数成员的支持，胜选已是时间问题。

二、对比的协调

对安德鲁方案，最易说服人的意见之一可能是与天安门广场和人民大会堂的协调问题。在全国的政治文化中心，京城的心脏部位能否容下这个200m长的大蛋？这的确是一个需要认真对待的问题。其实，本人从事建筑设计已经38年了，深深感到，这“协调”的大棒是最易被人握住也是最多引起共鸣和评语的。在京城也确实有不少相邻建筑缺少必要的呼应和衬托，“只见树木，不见森林”，“看不出整体美的败笔”，实例甚多。协调当然是必要的，但是协调并不一定是简单的重复。大致雷同是简而易行的，是最偷懒的“协调”。其后果呢？“夫和生万物，同则不继”。国内建筑趋同风气日益严重，千城一面，没有特色，正是值得重视的另一面。这就是趋同的、没有创造力的、平庸的建筑产生的原因之一。有人提出对比的协调，强调不同风格的建筑单体的配套，不是简单的雷同或重复。建筑师的基本功就是协调矛盾的个体，正如人脸上的各个器官既协调又不相同。安德鲁的方案正是用外形的单纯取得对人民大会堂丰富形象的烘托。当别人都对大剧院的造型绞尽脑汁，难以解脱之时，安氏巧妙地来个急转弯，借助反向思维，一下子突出人民大会堂，二者之间的轴线对位又取得了城市秩序。退线的加大和距离又保证了二者必要的空间；水面和绿地成为二者最好的过渡和联系。更重要的是安氏可以在单纯的外壳之内尽情地表现艺术殿堂的恢宏和典雅，而不破坏外部城市空间原有内涵。这就是内秀。这里，特别想说的是，我们许多(多到非常普遍的程度)建筑评论和鉴赏总是陷入“造型”的泥潭。殊不知，建筑是“环境”，因为人要“参与”，欣赏的角度也是多方位的。安氏方案是否称为精品、神品，那是后话，因为还有许多后期工作要做。但是，我们在评论时，立论似应再前进些，科学些，深入些，至少不应再犯说话很有分量的某人，乱点剧场规范所引出的笑话。我想引用《论语》子路篇的一句话来结束这个话题：“君子和而不同，小人同而不和”。

三、“请看一看对面的房子”。

在北京或外地，常常能听到人们对长安街东方广场建筑的非议。“非议”的观点惊人的相同。其实真理不一定在多数人的手里，况且还有人云亦云和偏见。每当这时，我都回答说：“请看一看东方广场建筑群对面的那几幢建筑。”于是，有人会意地说：“那当然！时间不同嘛！”我想，恐怕还不仅仅是时间因素。创作理念、观念、手法有没有不同呢？每天两次途经长安街全程，总觉得这组建筑群（虽然满了些）还是给长安街提了气，不论朝阳还是华灯初上，能给长安街提气的建筑又有几座？！这里，我想说的是，给建筑师一点儿宽松环境搞创作。据我了解，在北京有那么多说话很有分量的权威们（包括建筑师这一行当里的权威和主管这一行当的权威）坚决反对安德鲁的方案。当然有其多多的理由。不过，有些并不是方案本身的问题（如该不该建的问题），有些也还到不了颠覆、推翻方案的程度（如造价可以压缩，技术问题可以从技术上去解决……）。建筑这门学问就是“双边关系”多（理想与情感，功能与精神，空间与环境，内涵与外显，现代与传统……），双边矛盾对立、互济，相反相成。用两分法去分析是非可免除极端。

现在，我们的建筑市场都在讲效益。大量投资换来的是建筑文化的平庸和低俗。在京城走走看看，尽管我们已有很大进步，却不难发现那些不怎么好的建筑景观和环境：“不太和谐的建筑”，“喷成绿色的草地”，“拥挤的雕塑”，“功能不全的大道”……难怪有位领导同志最近讲：“平庸建筑泛滥……”这不禁让我们想到，建筑界的泰斗和权威们任重道远，责任重大。在评论安德鲁方案的同时，还不应忘记反思。反思是非常重要的，只有在提升全民族的文化水准的前提和大背景下，才能出精品、神品建筑。安德鲁设计的上海浦东机场室内设计很有表现力、感染力和震撼力。而巴黎戴高乐机场第三期（E厅）“活儿就太糙”（室外）。因此，对安氏一要相信，二要严格。去年《建筑学报》第11期有的文章有些话近似人身攻击，不妥！

还有人说：“下岗这么多人，还……”云云。岂不知全国各地数不尽的“KTV”、“洗浴中心”……，有不少业主至今还在羞羞答答地要建“培训中心”，只不过仍然是那些难登大雅的内容。粗算，若每一座500万元投资，建造1000座，就是50亿元。用这50亿元来发展高雅艺术，提高全民的文化素质，有什么不好？！

2001年3月匆匆草于北京

本期出版因故拖期，趁此机会补发了关于国家大剧院设计方案讨论的最新稿件。

——编者

（上接67页）
案以治理恶劣的城市环境。其中，涉及道路的法令，街道规章，表明议员们认为宽阔、笔直和有铺砌的道路是城市病的对症解药，这种街景还能赋予城市以欧洲新古典主义城市的那种统一感和次序感。街道规章的基本原则是强调阳光、空气以及道路对城市的重要影响，并在很大程度上实现了它的治理目的——清理不够清洁的道路空间，并导入一种整齐划一的城市景观。典型的规章式道路长而直，布置于一个平整的方格网中。单调乏味是它给人的整体印象。

参考文献

1. Southworth, Michael and Ben-Joseph, Eran. *Streets and the Shaping of Towns and Cities*. McGraw-Hill, Inc., 1997
2. L.Girling, Cynthia and I. Helphand, Kenneth. *Yard, Street, Park——The Design of Suburban Open Space*. John Wiley& Sons, Inc., 1994
3. Katz, Peter. *The New Urbanism*. McGraw—Hill, Inc.,1994
4. Calthorpe, Peter. *The Next American Metropolis*. Princeton Architectural Press, Inc., 1993
5.[美] Roger Trancik. 找寻都市失落的空间. 谢庆达译 台湾田园城市，1985
6.Duany and Plater-Zyberk. *The Techniques of Traditional Urban Planning*. Graduate School Of Design Professional Development, Harvard University, 1996
7. More, St. Thomas. *Utopia*. *New* Haven And London, Yale University Press, 1964

（本文为国家科学基金重点课题“可持续发展中国人居环境的评价体系及模式的研究”论文）

喜读《中国古代建筑史参考书目(初稿)》

杨永生

刚刚收到郭湖生先生寄下的刘敦桢、郭湖生等辑《中国古代建筑史参考书目(初稿)》，喜出望外。记得，去年编辑《建筑百家书信集》时，郭先生曾交我1953年12月21日刘敦桢先生等给他的一封信。信中，刘先生写道："关于参考书，另单附后"。当时，曾想把参考书目附在信后，供广大读者参阅。未料，郭先生告我："参考书目，约200余项，已遗失。"无奈，只好将这句话印在该信的注释中。本以为，此书目遗失将是令人永远遗憾之事。现在，忽而又见到这份书目，且又那么完备，达629项，怎能不令人欣喜若狂。

为了让读者知道，这份目录得来之经过，现将旅美学者喻维国先生给郭湖生的信以及郭先生给我和王明贤的信抄录如下：

杨总、明贤同志：

您们好。前在《建筑百家书信集》中，我寄了一封刘老(敦桢)1953年12月21日给我的信，其中最后提到"关于参考书目，另单附后"(注云：已遗失)。此书发表后，喻维国同志自美国来信，说他那里有刘老的书单(参考书目)，终于今年十月间寄来复印件，上题"中国建筑史参考书目"，刘敦桢、郭湖生等辑。

今将维国同志原信录后，请予发表，以利后学。看书目内容，止于1963年。刘老是1968年逝世的，大约生前补充而成，共629项。凡常用书籍不论中外凡刊印者(外，以日本为多)，皆列其中，可谓完备。

谨送上，请酌。

(稿分综合类和分期类两部分，合计629项)。

匆之不尽，敬问

健康。

郭湖生

2000年11月10日

郭老：

刘先生和你合辑的"中国古代建筑史参考书目"已找出来，复印了二份，除寄你一份外，另份寄给叙杰(刘敦桢之子——编者注)，一晃三十七年过去了，现在虽有很多新的书刊，可是这个书目还是很有权威的。如果能发表，对中国建筑史学者会有很大的帮助。

时值金秋，恭祝康乐。

喻维国

10/21,2000

关于这书目，郭、喻二位先生在信中都提出希望发表。本刊尊其嘱，现未加改动，原文发表。此外，关于发展这书目之意义，郭先生信中已一语道破，即"以利后学"，不必赘述。对这书目的评价，郭先生说："可谓完备"。喻先生说："这个书目还是很有权威的"。字句不多，委实中肯、确切。

我想说的是，他们二位建议发表这书目，充分表明，他们公而无私的高尚情操，令人肃然起敬。尤其是，喻维国先生十多年前去美定居，随身将其前半生治学的资料带去美国并妥善保存。他仔细阅读《建筑百家书信集》一书，甚至连注释也未放过，才得知这书目不在郭湖生手中。翻箱倒柜找出这书目寄给郭湖生，足见他对祖国、对事业的热爱、执着、认真。这无疑会得到人们的敬重。

今天，这种精神，特别需要大力提倡，更值得学习。

2000年11月15日

据悉，50年代初除郭湖生先生外，还有别人协助刘老，参与书目辑录工作，详情有待进一步了解。

2000年12月25日补记

中国古代建筑史参考书目(初稿)

刘敦桢　郭湖生等辑

综合类

一、通史

资治通鉴(四册)	[宋] 司马光等撰	1957.古籍出版社
	[元] 胡三省注	[备要] 41.42
续资治通鉴	[清] 毕　沅撰	
通鉴辑览	[清]	
中国史稿		
(第一、二册)	郭沫若等编	1963、人民出版社 [人民]
中国通史简编	范文澜	
中国史纲	翦伯赞	
中国史论集	翦伯赞	
中国历史参考图谱	郑振铎	
中国通史资料选辑	河南大学	
中国历史研究论文集	宁夏师范学院	
北京大学人文科学学报	(期刊)	
历史研究	(期刊)	
史学月刊	(期刊)	
史学集刊	(期刊)	
历代小史		
李朝500年史		
桑原博士东洋史论丛	[日本]	
市村博士东洋史论丛	[日本]	
白鸟博士东洋史论丛	[日本]	
国华月刊	[日文]	
通板	[法文]	
世界历史大系	[日文] 三岛一等编	昭和十年、平凡社

二、专史

中国民族简史	吕振玉	
中国交通史	白寿彝	民国26[商务]
中西交通史	向达	
中日交通史	王辑五	
中国民族史	蔡元培	
中国古代社会史	侯外庐	
中国商业史	王孝通	
宋元经济史	王志端	[商务]
浙东史学探源		
西域史研究		
支那文明史		
中国阿拉伯海上交通史	[日本] 桑原隲藏	冯攸译 [商务]
中国经济史考证	[日本] 加藤繁	吴杰译 [商务]
支那常平仓沿革考		
东洋史杂考		

三、地理、地志

大唐西域记	[唐] 释玄奘	
雍录	[宋] 程大昌	
顺天府志	[清] 乾隆时官修	
天下郡国利病书	[清] 顾炎武	
历代帝王宅京记	[清] 顾炎武	
历代陵寝图考	[清] 朱孔阳	
关中胜迹志	[清] 毕　沅	
读史方舆纪要	[清] 顾祖禹	
中国长城沿革考	王国良	[商务]
长安史迹考	[日本] 足立喜六	杨 链译
五台山	[日本] 小野胜年	

四、类书

通典	[唐] 杜　祐
太平御览	[宋] 李　昉等
太平广记	[宋] 李　昉等
文苑英华	[宋] 李　昉等
册府元龟	[宋] 王钦若等
事物纪原	[宋] 高　承
事林广记	[宋] 陈元靓
玉海	[宋] 王应麟
事文类聚	[宋] 祝　穆
文献通考	[元] 马端临
永乐大典	[明] 解　缙等
古今图书集成	[清] 康熙时官修
五礼通考	[清] 秦蕙田
三才图会	[明] 王　圻
倭名类聚抄	[日本]源　顺

五、哲学、宗教、社会经济文化

宏明集	[梁] 释僧佑	
广宏明集	[唐] 释道宣	
法苑珠林	[唐] 释　道世	
高僧传	[唐] 释　道宣	
续高僧传	[宋] 释　赞宁	
中国佛教史	黄忏华	
佛教研究法	吕　澂	
西藏佛教史	李翊灼	
西藏佛教原论	吕　澂	
汉魏、两晋、南北朝佛教史	汤用彤	
中国道教史	傅勤家	
中国书院制度	盛朗西	民23 [中华]
印度佛教史略	吕　澂	
景教碑考	冯承钧	[商务]
灵谷寺禅林志	谢之福	
自然辩证法	[德] 恩格斯	
东洋文化史大系	[日]	

支那佛教史迹　[日]常盘大定、关野贞
支那佛教史迹踏查记　[日]常盘大定
满洲宗教志　[日]满铁红板处
洛阳大福先寺考　[日]安藤更生
蒙古喇嘛教史　[日]
イラニと支那文化　[日]

六、艺术

东洋美术史　史岩　民25[商务]
中国艺术史
中国古代雕塑集　刘开渠
唐、五代、宋元名迹　谢稚柳
中国壁画艺术　秦岭云
敦煌壁画　敦煌文物研究所
敦煌壁画　中央美术学院
敦煌壁画　朝花美术出版社
敦煌藻井图案　中央美术学院
敦煌图案　东北美术专科学校
古代建筑装饰花纹选集　西北历史博物馆
中国历代名画记
世界美术全集　[日]
西方美术东渐史　[日]关卫　熊得山译[商务]
极东三大艺术　[日]小田玄妙
敦煌壁画の研究　[日]松本荣一
印度美术史　[日]逸见梅荣
朝鲜美术史　[日]关野贞
中国古文样史　[日]关野雄
造象度量经　工布查布
The art of indian through the ages:Stellar Kramrisch(India) Chinese Pottery and porcelain:Hopson.A.C.(England)

七、建筑

中国营造学社汇刊　中国营造学社
中国建筑史　乐嘉藻
中国建筑史　梁思成
中国建筑史讲义　清华大学、天津大学、重庆土建学院
中国建筑简史　建筑科学研究院
中国建筑史图录　清华大学
中国建筑营造图录　清华大学
中国建筑史参考图　刘敦桢
中国建筑类型及结构　刘致平
中国建筑设计参考图集　刘致平
中国建筑　清华大学、中国科学院
宋、辽、金、元、明、清建筑论文稿　胡思永、章明、邵俊仪、乐卫忠
中国住宅概说　刘敦桢
上党古建筑　山西文化局
历史建筑　古建修整所
经幢　杜修均稿
中国古代桥梁　唐寰澄
中国石桥　罗英
哲匠录　梁启雄等
建筑理论及历史资料汇编　建筑科学研究院
中国建筑史　[日]伊东忠太
支那建筑及装饰(三册)　[日]伊东忠太
支那の建筑と艺术　[日]关野贞
日本の建筑と艺术　[日]关野贞
支那建筑　[日]伊东、关野、塚本
伊东忠太全集　[日]伊东忠太
支那建筑　[日]伊藤清造
支那住宅志　[日]八木玄奘
支那庭园论　[日]罔大路
瓦　[日]关野贞
支那の佛塔　[日]村田治郎
日本建筑史　[日]天治俊一
日本建筑史图录　[日]天治俊一
日本建筑细部变迁小图录　[日]天治俊一
中国建筑の日本建と
及其影响　[日]饭田须贺斯
琉球建筑　[日]田边泰
朝鲜上代建筑　[日]米田美代治
国宝重要建筑图录　[日]
日本古代建筑　[日]
佛塔の起源　[日]
A brief history of Chinese Architecture:D.G.Mira Chinese Arehitecture;E.Eoorschmann.China-s-cheBankeranik:E.Beersehmann
Tomb Tile picture of Ancient China :.C.White
The Evolution of buddhist Arehitecture in Japan :A.C.Seper
History of Indian and Eastern Architecture:J.
Indian Arehitecture,Buddhist and Hindu:Perey Bronn
Indian Arehitecture,Islanie Period:
Indian Painting
Chinese Bridges:H.Fugh-Meyer
ApxumemyraNumay!EA.Amenl

八、文物、考古、金石

圭石索　[清]冯云鹏　上海千顷堂
圭石萃编　[清]王昶　上海醉六堂
语石　[清]叶昌炽
新中国的考古收获　考古研究所
考古学报　考古研究所
考古　(期刊)
文物(原名“文物参考资料”)(期刊)
雁北文物考察团报告　文化部文物局
世界考古大系　[日]
支那文化史迹　[日]关野贞　常盘大定
朝鲜古迹图谱　[日]
新西域记　[日]遙瑞超
东亚考古学　[日]江上波夫
中国考古学研究　[日]关野雄
山西古迹志　[日]水野清一
满洲的古迹　[日]三宅俊成
斯坦因西域考古记　[英]　向达译
The thousand buddhas Ruins of Desert Cathay:A.Stein Les Gretten de Touon Houang;Pelliet
Tomb of old Lo-Yang:We Co White Bilderatles Zns Kunst mid Kulturgesehiehte mittle Asions:A.ven Le Goq Die Buddhestische Spantantike in Mittel-Asion
Mission Archeohigeque dens la Chine Septentionale;Chavannes

九、工具书

说文	[汉] 许　慎	
玉篇	[梁] 顾野王	
康熙字典	[清] 张玉书等	
中国历代帝王年表	[清] 齐召南	
辞海	中华书局	
中西回史日历	陈　垣	
中国历代尺度考	杨　宽	
中国历史年表	万国鼎	

分期类

一、原始社会及奴隶社会

左传	[战国] 左丘明	[备要5]
管子	[战国] 题管仲	[备要52]
墨子	[战国] 题墨翟	[备要53]
周礼	(汉郑玄注)	[备要8]
礼记	(汉郑玄注)	[备要9]
仪礼	(汉郑玄注)	[备要9]
仪礼释官	[宋] 李如圭	[集成]
仪礼图	[宋] 杨 复	[通志堂经介]
三礼图	[五代] 聂崇羲	[四部丛刊]
六经图	[宋] 杨甲	
考工记图	[清] 戴震	[皇清经介]
群经宫室图	[清] 焦　循	[皇清经介]
寝庙宫制度考	[清] 金鹗	
研经室集	[清] 阮元	[集成]
皇清经介	[清] 阮元	[皇清经介]
续皇清经介	[清] 瞿鸣玑	
殷墟书契考释	罗振玉	
观堂集林	王国维	[中华]
宫室考	[清] 任启运	
中国史前时期之研究	裴文中	
中国石器时代的文化	裴文中	1954 [中国青年]
中国石器时代	裴文中	[中国青年]
中国新石器时代	尹　达	1955 [三联]
中国猿人	贾兰坡	1954 [龙门联合]
河套人	贾兰坡	1953 [龙门联合]
山顶人	贾兰坡	1953 [龙门联合]
西安半坡	考古研究所	1963 [文物]
庙底沟与三里桥	考古研究所	1959 [科学]
郑州二里岗	考古研究所	1959 [科学]
沣西发掘报告	考古研究所	1962 [文物]
洛阳中州路	考古研究所	1959 [科学]
寿县蔡侯墓出土遗物	考古研究所	1956 [科学]
城子崖	梁思永	民国23 [中央研究院]
安阳发掘报告	中央研究院历史语言研究所	[同左]
六同别录	中央研究院历史语言研究所	[同左]
殷墟发掘	胡厚宣	1955 [上海学习生活]
"小屯"(第二册殷墟建筑遗存)	石璋如	[台湾中央研究院]
青铜时代	郭沫若	民34年 [文治]
十批判书	郭沫若	民34年 [群益]
欣然斋史论集	李亚农	1962年 [上海人民]
陕西考古发掘报告	苏秉琦	民国37年北平研究院史学所
古代社会	[美]	
南满洲のぃ儿y二とその方位	[满洲历史上地理]	昭和六年
内蒙古におけるT抹考古学者の调查		

二、战国、秦汉、三国

战国策	[汉] 刘向编校	[备要44]
国语	[战国] 左丘明 [三国] 章昭注	[备要44]
荀子	[战国] 荀况	[备要52]
韩非子	[战国] 韩非	[备要52]
淮南子	[汉] 刘安	[备要54]
竹书纪年	[战国时书]	[备要44]
吴越春秋	[汉] 赵晔	[备要44]
史记	[汉] 司马迁	[备要15]
前汉书	[汉] 班固	[备要16]
后汉书	[晋] 范晔	[备要17]
三国志	[晋] 陈寿	[备要18]
东观汉纪	[汉] 刘珍	[备要45]
三辅黄图	[晋] 葛洪	[集成]
西京杂记	[梁] 吴均	
两京赋	[汉] 张衡	[备要91]
两都赋	[汉] 班固	[备要91]
三都赋	[三国] 左思	[备要91]
灵光殿赋	[汉] 王延寿	[备要91]
七国考	[明] 董说	[集成]
西汉会要	[清] 徐天麟	[集成]
东汉会要	[清] 徐天麟	
秦会要订补	徐复	1955 [上海群联]
辉县发掘报告	考古研究所	1956 [科学]
长沙发掘报告	考古研究所	1957 [科学]
洛阳烧沟汉墓	考古研究所	1959 [科学]
河南信楚墓出土文物图录	河南文物工作队	1959 [河南人民]
战国绘画资料	杨宗荣	
望都汉墓二号	河北省文化局	[文物]
沂南古画像石墓发掘报告	南京博物院	1956 [文化部文物局]
秦汉瓦当文(五卷)	罗振玉	永慕园丛书
瓦当文	黄仲慧	
汉代艺术研究	常住侠	
南阳汉画像集	关百益	
汉代绘画选集	常住侠	1955 [朝花]
四川汉代画像选集	闻宥	1955 [上海群联]
四川汉画像砖艺术	刘志远	1958 [中国古典艺术]
江苏徐州汉画像石	江苏省文管会	1959 [科学]
广州出土汉代陶屋	广州市文管会	1958 [文物]
云南晋宁石寨小石墓群发掘报告	云南省博物馆	1959 [文物]
邯郸	[日] 关野雄	
乐浪王先墓	[日]	
南山里	[日]	
牧羊城	[日] 原田淑人	昭和6 [东亚考古学会]
营城子	[日]	
中国西部考古记	[法] 色伽兰、冯承钧译	

三、西晋、南北朝

晋书	[唐] 房乔	[备要 19]
宋书	[梁] 沈约	[备要 20]
南齐书	[梁] 萧子显	[备要 20]
梁书	[唐] 姚思廉	[备要 20]
陈书	[唐] 姚思廉	[备要 20]
南史	[唐] 李延寿	[备要 23]
北史	[唐] 李延寿	[备要 23]
魏书	[北齐] 魏收	[备要 21]
北齐书	[唐] 李百药	[备要 22]
周书	[唐] 令狐德棻	[备要 22]
晋略	[清] 周济	[备要 45]
十六国春秋	[魏] 崔鸿	[备要 45]
华阳国志	[晋] 常璩	[备要 45]
世说	[宋] 刘义庆	[备要 55]
昭明太子文选	[梁] 萧统	[备要 19]
颜子家训	[北齐] 颜子推	[备要 55]
水经注	[北齐] 郦道元	[备要 47]
水经注图	[清] 杨守敬	
邺中记	[晋] 陆翙	[集成、百川、说郛]
洛阳伽蓝记	[北齐] 杨玄之	[备要 47]
佛国记	[晋] 释法显	民国 26 年 [商务]
建康实录	[唐] 许嵩	
六朝事迹类编	[宋] 张敦颐	[集成]
金陵古今图考	[明] 陈沂	[南京文献]
金陵古迹图考	朱偰	[商务]
六朝陵墓调查报告	朱偰	[商务]
云岗石窟	山西云岗古迹保养所	1957 [文物]
龙门石窟	龙门保管所	1958 [文物]
巩县石窟寺	河南省文物工作队	1963 [文物]
麦积山石窟	文化部文化局	1959 [文物]
炳灵寺石窟	文化部文化局	1953 [文物]
敦煌莫高窟	李贞伯	[甘肃人民]
北朝石窟艺术	罗尗子	1955 [上海人民]
吐鲁番考古记	黄文弼	[科学]
邓县彩色画像砖墓	河南文物工作队	1958 年 [文物]
千甓亭砖录	[清] 陆心源	潜园总集
大同石佛寺	[日] 木下圭太郎	昭和十三年 [座右宝刊]
高句丽遗迹	[日] 池内宏	昭和十一年 [座右宝刊]
通沟(二册)	[日] 池内宏 滨田耕作	昭和十四年 [座右宝刊]
响堂山石窟	[日] 水野清一	
龙门石窟研究	[日] 水野清一 长广敏雄	昭和十四年 [座右宝刊]
高句丽王朝古迹	[日] 朝鲜总督府	
高句丽观音像	[日] 驹井和爱	

四、隋、唐、五代

隋唐书	[唐] 魏 征等撰	[备要 22]
旧唐书	[后晋] 刘珣	[备要 24、25]
新唐书	[宋] 欧阳修、宋祁	[备要 26、27]
旧五代史	[宋] 薛居正	[备要 28]
新五代史	[宋] 欧阳修	[备要 28]
唐会要	[宋] 王溥	[集成]
五代会要	[宋] 王溥	[集成]
唐六典	[唐] 李林甫	
唐大诏令集	[宋] 宋敏求编	[适园丛书 1959 商务]
唐律疏義	[唐] 长孙无忌	[集成]
大唐开元礼	[唐] 萧嵩	[四库全书洪氏唐石经馆]
酉阳杂俎	[唐] 段成式	
两京新记	[唐] 韦述	[集成]
大业杂记	[唐] 杜宝	[集成、说郛]
国史补	[唐] 李肇	[中华]
剧谈录	[唐] 康骈	[中华]
北里志	[唐] 孙棨	[中华]
陆宣公文集	[唐] 陆贽	[中华国学基本丛书]
白香山集	[唐] 白居易	[备要] [中华国学基本丛书]
会昌一品集	[唐] 李德裕	[中华国学基本丛书]
唐世说新语	[唐] 刘肃	
海山记	[唐] 佚名	[古今逸史]
迷楼记	[唐] 佚名	[古今逸史]
开河记	[唐] 佚名	[古今逸史]
唐语林	[宋] 王谠	[中华]
北梦琐言	[五代] 孙光宪	[中华]
唐摭言	[五代] 王定保	[中华]
唐长安图(吕大防图)	[宋] 吕大防	
南部新书	[宋] 钱易	[中华]
游城南记	[宋] 张礼	[集成]
入唐求法寻礼行记	[唐代日本僧] 园仁	
戒坛图经	[唐] 释道宣	[金陵刻经处]
两京城坊考	[清] 徐松	[集成]
两京城坊考补记	[清] 陆鸿诏	[藉香零拾]
神梠制敌太白阴经	[唐] 李筌	[集成]
隋唐史	岑仲勉	1954 [高教部教材处]
隋唐制度渊稿略	陈寅恪	民国 35 年上海 [商务]
唐代政治史述论稿	陈寅恪	民国 31 年重庆 [商务]
咸阳县志		
西京胜迹考	阎文儒	民国 32 年 [西安新中国文化]
唐长安与西域文明	向达	1957 [三联]
唐昭陵石迹考略	林同人	
唐代雕塑选集	王子云	1955 [朝花]
敦煌唐代图案选	敦煌文物研究所	1959 [人民美术]
唐长安大明宫	考古研究所	1959 [科学]
南唐二陵发掘报告	南京博物院	1957 [文物]
苏州虎丘塔出土文物	苏州市文管会	1958 [文物]
渤海国东京城	[日]	
渤海国小史	[日] 鸟山喜一	
长安与洛阳	[日] 平冈武夫	1953 [陕西人民]

五、宋

宋史	[元] 托克托	[备要 29、30、31、32]
宋史纪事本末	[明] 冯琦 陈邦瞻增订	[历朝纪事本末] 1955 [中华]
宋朝事实	[宋] 李攸	[集成]
续资治通鉴长编	[宋] 李焘	[四库全书]
东都事略	[宋] 王偁	[四库全书、宋辽金元别史]

宋会要辑稿	[清] 徐松	[中华]
归田录	[宋] 欧阳修	[稗海、涵芬楼]
春明退朝录	[宋] 宋敏求	[集成]
文昌杂录	[宋] 庞元英	[集成]
梦溪笔谈	[宋] 沈括(胡道静校注)	1957 [中华]
渑水燕谈录	[宋] 王阙之	[集成]
挥尘录	[宋] 王清明	[集成]
鸡肋篇	[宋] 庄季裕	[集成]
洛阳名园记	[宋] 李格非	[集成]
东京梦华录	[宋] 孟元老	[中华邓思诚笔证] [集成]
相国寺考		
中吴纪闻	[宋] 龚明元	[集成]
吴中旧事	[元] 陆友仁	[集成]
平江纪事	[元] 高德基	[集成]
烬余录	[宋] 徐大焯	[国粹丛书]
吴船录	[宋] 周必大	[集成]
思陵录(周益公文集附录)	[宋] 周必大	[宋庐陵四忠集]
老学菴笔记	[宋] 陆游	[集成]
入蜀记	[宋] 陆游	[集成]
吴兴园林记	[宋] 周密	[说郛]
癸辛杂识	[宋] 周密	
杭州城巷志	[清] 丁氏	未刊稿
武林旧事	[宋] 周密	[宝颜、知不足斋]
梦粱录	[宋] 吴自牧	[集成]
都城纪胜	[宋] 耐得翁	
湖山便览	[清] 翟灏、翟翰	
西湖志	[清] 李卫	
西湖游览志、志余	[明] 田汝成	[武林掌故、中华书局]
乾道临安志	[宋] 周淙	[集成、武林掌故]
咸淳临安志	[宋] 潜说友	[四库全书]
景定建康志	[宋] 周应合	[四库全书]
嘉泰会稽志	[宋] 施宿 [续志] 张淏	[四库全书]
吴兴志	[宋] 谈钥	[吴兴丛书]
严州图经	[宋] 陈公亮	[集成]
吴地记	[唐] 陆广微	[集成]
吴郡图经续记	[宋] 朱长文	[集成]
吴郡志	[宋] 范成大	[集成]
骖鸾录	[宋] 范成大	[集成]
桂海虞衡志	[宋] 范成大	[知不足斋]
岭外代答	[宋] 周去非	[集成]
建炎以来繁年系年要录	[宋] 李小传	[集成]
大宋宣和遗事	[宋] 佚名	[集成]
守城录、守城要	[宋] 陈规	[集成]
西征道理记	[宋] 郑刚中	[集成]
云麓漫钞	[宋] 赵彦卫	[集成]
北道刊误志	[宋] 王瓘	[宋山阁]
武经总要	[宋] 曾公亮	
政和五礼新仪	[宋] 郑居中等	
云谷杂记	[宋] 张淏	[集成]
华阳宫记事	[宋] 释祖秀	[学海类编]
参天台五台山记	[宋日本僧] 成寻	
侯鲭录	[宋] 赵令田等	[集成]
墨庄漫录	[宋] 张邦基	[集成]
东坡志林	[宋] 苏轼	[集成]
仇池笔记	[宋] 苏轼	[集成]
可书	[宋] 张知甫	[集成]
识小录	[宋] 徐树丕	
宣和奉使高丽图经	[宋] 徐 兢	[集成]
南宋古迹考	[清] 朱彭	[集成]
宋平江城坊考	王謇	民14年 [苏州青年会]
元河南志	[徐松辑自永乐大典]	
河南通志	[清] 郝玉麟、王士俊	[四库全书]
开封府志	[明] 李濂	
汴京遗迹志 (又，汴京勾异记)	[勾异记在集成]	
宋平江府城图	[宋刻、存苏州文庙]	
清明上河图	[宋] 张择端	1958 [文物]
四景山水图卷	[宋] 刘松年	1963年 [朝花]
天籁阁宋人画册	商务印书馆	[商务]
营造法式	[宋] 李诫	[中国营造学社集成]
宋营造法式图注	梁思成	[清华大学]
论法式之本质	陈干、高汉	[建筑学报]
宋元通鉴	[明] 王宗林	[资治通鉴大全]
马可波罗游记	[元] 意大利人 马可波罗 张星烺译	[商务]
浙江省史地记要	张其昀	民国17年 [商务]
两宋经济重心的南移	张家驹	
白沙宋墓	宿白	1957 [文物]
甪直保圣寺宋塑一览	陈万里	
长清灵岩宋塑	廖华	
晋祠宋塑选	中国古典艺术出版社	[1959年版]
大足石刻	四川美术学院雕塑系	[朝花]
泉州宗教石刻	吴文良	[科学]
唐宋贸易港研究		
宋代都市发达	陈望达译	

The Twin Pageda of Zayton:G·Ecke

六、辽金

辽史	[元] 托克托等	[备要33]
金史	[元] 托克托等	[备要33]
契丹国志	[宋] 叶礼隆	[集成]
大金国志	[宋] 宇文懋昭	[集成]
使金记	[宋] 程卓	[碧琳瑯馆丛书]
北行日录	[宋] 楼钥	[知不足斋]
乘轺录	[宋] 路振	[指海]
揽辔录	[宋] 范成大	[集成]
河溯访古录	[元] 纳新	[粤雅堂、守山阁]
河溯访古新录	顾奕光	
修独乐寺记	王宏祚	
辽金燕京城郭宫苑图考	朱 偰	
辽金京城考	周肇祥	
辽金土城谈	崇璋	
燕京故城考	奉宽	
大同古建筑调查报告	刘敦桢、梁思成	[中国营造学社]
内蒙古古建筑	建研院、内蒙古建筑史编委会	[文物]
蒙古高原横断记	[日] 东亚考古学会	昭和16 [日光书院]

	蒙古调查班	
辽元文化图谱(四册)	[日] 鸟居龙藏	
辽金时代之建筑及其佛像	[日] 关野贞	
辽庆陵	[日] 田树实造	
辽の墓	[日] 岛田正郎	
辽金の佛教	[日]	
辽阳	[日]	
东蒙古辽代旧城探考记	[法]J.Mullie(闵宣化)冯承钧译	

七、元

元史	[明] 宋濂	[备要 34]
元氏掖庭侈政记	[元] 陶宗仪	[裨乘]
青云梯	[元](佚名)	宛委别藏
大元仓库记	[元](佚名)	(广仓学宭丛书甲类二集)
长春真人西游记	[元] 李志常	[集成、备要]
马可波罗游记	[元](意)马可波罗,	张星烺译
故宫遗录	[明] 萧洵	[集成]
陵川记	[元] 郝经	
雪楼记	[元] 程钜夫	
蜕庵集(五卷)	[元] 张翥	
古杭杂记	[元] 李有	[集成]
元朝秘史	[清] 李文田	[集成]
元史译文补正	[清] 洪钧	[集成]
辍耕录	[元] 陶宗仪	
日下旧闻考	[清] 乾隆时官修	
春明萝馀录	[清] 孙承译	
禁扁	[元] 王士点	(栋亭十二种)
元典章索引考		
新元史	柯劭忞	[开明]
元史学	李思纯	民 29 [中华]
元大都宫殿图考	朱偰	[商务]
周公测景台调查报告	刘敦桢	
蒙古喇嘛教史		
元代云南史地丛考	夏光南	民国 24 [中华]
元代画塑记		
永乐宫壁画	文物出版社	1958.9 [文物]
永乐宫壁画选集	文物出版社	1958.8 [文物]
胜像宝塔		
元上都		
居庸关	[日] 村田治郎	
元寇の新研究	[日] 池内宏	
元朝经略东北考	[日] 箭内亘、陈捷捷译	
多桑蒙古史	[亚美尼亚] C.D' Ohsson民国25年[商务] 冯承钧译	
蒲寿庚考	[日] 桑原隲藏	陈裕菁译 1954 [中华]

八、明

明史	[清] 张廷玉	[备要 35.36]
明实录	[明] 官修	
明会要	[清] 龙文彬	1956 [中华]
明会典	[明] 徐溥等	[四库全书]
明宫史(酌中志)	[明] 刘若愚	[学津]
如梦录	[明](佚名)	[三怡堂丛书]
天工开物	[明] 宋应星	
五杂俎	[明] 谢肇淛	
七修类稿	[明] 郎瑛	
野获编	[明] 沈德符	1959 [中华]
袁中郎集	[明] 袁宏道	
北游录	[明] 谈迁	
长物志	[明] 文震亨	[集成]
游金陵诸园记	[明] 王世贞	
园冶	[明] 计成	民国 25 年 [中国营造学社]
皇明九边图考	[明] 魏焕	[北京图书馆善本丛书集]
洪武京城图志	[明] 杜泽	
金陵古今图考	[明] 陈沂	南京文献
昌平山水记	[清] 顾炎武	1962 [北京工] 顾亭林先生遗书
南雍志	[明] 黄佐	
金陵梵刹志	[明] 葛寅亮	
金陵玄观志	[明](佚名)	
拙政园图	[明] 文征明	
狮子林纪胜集	[明] 道询	
帝京景物略	[明] 刘侗	[说郛 . 中华]
鲁班经营造正式	[明] 午荣	[民间坊间刊本]
两鼎建记	[明] 贺仲轼	[集成]
乡约	[明] 尹畊	[集成]
春明梦余录	[清] 孙承泽	[古香斋袖珍十种]
天府广记	[清] 孙承泽	
明代的南京	徐兆奎	
金陵古遗迹图考	朱偰	[商务]
首都志	王焕镳	民国 24 [正中]
明孝陵志	王觉无	[民国 22 年版]
南京的名胜古迹	朱偰	[江苏人民]
南京大报恩寺塔	张惠衣	民国 37 年 [商务]
明代建筑大事年表	单士元	[中国营造学社]
明代营造史料	单士元	[中国营造学社]
明清二代宫苑建置图考	朱偰	民 36 年 [商务]
明长陵修缮工程纪要		
北京古建筑	建筑科学研究院编	[文物]
我们伟大的首都北京	俞同奎	
地下宫殿(定陵)	[长陵发掘委员会定陵一作队]	1958 [文物]
重建法海寺记	[清] 魏禧	
中国建筑彩画图集(明代)	[古建修整所]	1958 [中国古典艺术]
法海寺壁画	[人民美术出版社]	[1959 版]
徽州明代住宅	张仲一等	1957 [建筑工程出版社]
佛山祖庙古建筑调查	赵振武	[华南工学院]

Wall and cate of Peking :0.Siren

九、清

清史稿	赵尔丰等	
清史纂要	刘法曾	
清实录	[清代官修]	
东华录	[清代官修]	
东华续录	王先谦	
大清会典	[清代官修]	

嘉庆重修大清一统志	[清代官修]	
日下旧闻考	[乾隆时官修]	
盛京通志	[乾隆四十四年官修]	
宸垣识余	[清] 吴长元	
长安客话	[清] 阮葵生	
天咫偶闻	[清] 曼殊震钧	
听雨丛谈	[清] 佛格	
金鳌退食笔记	[清] 高士奇	
乾隆京城全图	[乾隆时官修]	
热河志	[乾隆四十六年官修]	
乾隆南巡盛典	[清] 高晋等撰	[四库全书史]
鸿雪因缘	[清] 麟庆	
履园丛话	[清] 钱泳	
扬州画舫录	[清] 李斗	[中华]
平山堂图	[清] 赵之壁	
钱南园先生遗集	[清] 钱沣	(云南丛书初编)
受宜堂宦游笔记	[清] 常安	
秋笳集	[清] 吴兆骞	[集成]
灞桥图说	[清] 杨名飏	
清工部工程做法则例	[清雍正时官修]	
清式营造则例	梁思成	[中国营造学社]
营造算例	梁思成	[中国营造学社]
营造法源	姚补云、张镛森	[建筑工程~]
清代史	萧一山	民国36年 [商务]
清代前期中国社会之停滞变化和发展	尚钺	
太平天国前期商品货币经济的发展	唐毅生	
燕都丛考	陈宗蕃	民国24年
北京庙宇通检	许道龄	
旧都文物略	[北平市政府秘书处]	北平市政府
故宫建筑	[故宫博物院]	[文物]
文渊阁藏书全景	刘敦桢	
北京古建筑	[建筑科学研究院历史室]	[文物]
清代苑囿建筑实例图	[天津大学]	[天津大学]
圆明园图	程寅生	
圆明园考	程寅生	
颐和园实例图	[清华大学]	[清华大学]
苏州旧住宅参考图	陈从周等	1958 [同济大学]
民居调查	[西北工业设计院]	1955 [同左]
闽西永定客家住宅	张步骞	[建研院未刊]
西藏建筑	[建筑科学研究院历史室]	[建工]
六居杂考	龙庆忠	[中国营造学社汇刊]
江南园林志	童寯	[建筑工程]
苏州园林	陈从周	1956 [同济]
苏州的园林	刘敦桢	1956 [南京工学院]
北京宫阙图说	朱偰	

中国建筑彩画图	刘醒	
苏州彩画	[苏州市文管会]	1959 [上海人民]
太平天国文物图释	罗尔纲	
太平天国壁画	[南京太平天国纪念馆]	1959 [江苏人民]
太平天国彩画	[南京太平天国纪念馆]	1959 [江苏人民]
装修集录	陈从周	1954 [同济]
窗格	[工业及城市建筑设计院]	1954 [建筑工程]
中国式门窗	叶子刚	1954 [龙门联合]
漏窗	陈从周	1953 [同济]
广东十三行考	梁嘉彬	
清代匠作则例汇编	王世襄	
蒙藏佛教史	妙丹法师	
满洲通史	[日] 及川仪右兵卫	
朝鲜史、满洲史	[日] 稻叶岩吉、天野仁一	
唐土名胜图绘	[日] 冈田玉山等	
满蒙北支宗教艺术	[日] 逸见梅	
满蒙の喇嘛教美术图版	[日] 逸见梅，仲野半の朗	
北清建筑调查报告	[日] 伊东忠太	
支那北京皇城宫殿图(三册)	[日] 伊东忠太	
白云观志	[日]	
天坛	[日]	
热河遗迹	[日]	
热河(四册)	[日] 关野贞 竹岛卓一	昭和12 [座右宝刊]
热河	[日] 黑川武敏	
奉天昨陵图泳		
避暑山庄图泳		
蒙古旅行	[日] 鸟居龙藏	
山西古迹志	[日] 水野清一	
满洲旧迹志	[日] 八木奘三郎	
满洲かう	[日] 岛四贞彦	
红头屿土俗调查报告	[日] 鸟居龙藏	
满洲宗教志	[日] 满铁弘报处	
满洲碑记考	[日]	
支那街头风俗记	[日]	
满蒙风物纪兴	[日]	
台湾文化志(三册)	[日]	
克山地葚家の经济	[日]	
古贤の迹入	[日] 常盘大定	
回教真象	[叙利亚] Hussien.Al·Gjer 马坚译	1951 [商务]

Chinese Buddhist Monasteries(中原佛寺志): prip·Moller

Chinese Demestic Furniture: G.Bcke

Chinese Garden: O.Siren

Kenc Trad Garder: O.Siren

学术民主　努力探索

崔　恺等

崔　恺

1997年春，院里成立了方案组。

目的很简单，加强投标竞标的能力。

人呢，从新入院的研究生中选，我是住持。

条件，不计产值，不算成本，给房子，配设备，中标给奖。

方式，兄弟关系，学术民主，不求功利，努力探索。

业绩，从长春广电中心竞赛中标到北京首都博物馆竞赛入围，参加了几十项大大小小的竞赛、投标，输输赢赢，争来了一些项目，赢得了一点声誉，成本也还背得过来。还有人，人是轮换的，一年多最长两年就要下所，运气好时跟着中标项目下去，好像是一份嫁妆，而所长们似乎对人更感兴趣。那天在“藏酷”酒吧聚会，一看，新的、老的、下所的，已有十五六位，还是那么快乐，那么执著，那么朝气勃勃。

我想，这事儿办得还成。

李兴钢

我不是方案组的人，但在外人里面，我敢说我是我们院跟方案组交往最深、时间最长的一个，有重要项目的直接合作，也有日常的频繁交流，因此也可以说是一只脚在门里，一只脚在门外。隔一段时间就得跑去看看他们在干些什么，干的怎么样，回来的时候一般总有一种冷汗直冒、心里空落落不踏实的感觉，最后警告自己：“要是还想在这个行当里混下去的话，就不能再这么踏实下去了。”

徐磊(在方案组时间：1997.04～1999.06)

到了方案组，才知道方案原来有不同的做法。

在这个集体创作的环境中，方案不仅是作出来的，常常是聊出来的，先是神侃，不着边际，慢慢说到正题，说说功能，看看环境，你画几笔，我勾几下，没准什么时候就有了突破口，大伙儿聊的放在一起，发现方案已经快出来了。做方案原来有点像解数学题，所有的条件找出来，再经过比较严密的分析，合适的结果差不多就那么一个。用这种方法寻找创意，比从形式上苦苦追求来得更踏实。这样出来的方案令人耳目一新而又恰如其分。

柴培根(在方案组时间：1997.04～1999.04)

在方案组工作的两年中，我和我的同事们共同体味过参与竞赛的辛酸和无奈，方案中标的激动和欣喜，也经历过寻找创意的苦恼与煎熬，以及那找到线索时的豁然开朗与兴奋。还有那面对完成图纸时，心中小小的成就感。这种种的感受，让这两年的时光在我的记忆中生动而深刻。

文　兵(在方案组时间：1997.07～1998.07)

到所里工作以后，才发现对我来说，方案组更像一所获得进一步深造的学校。在那一年中，最重要的不是学习设计手法，而是懂得在对用地、环境、建筑性质的分析基础上去提出建筑师需要解决的问题是设计中最关键的一步，而手法仅仅是解决这些问题的手段。这也是我在方案组最大的收获。

于水山(在方案组时间：1997.09～1999.09)

有时候，我们不禁怀疑现在的“投标”制能否真的诞生出我们时代的精品。一方面，大众(包括业主)满怀浪漫的心情期待着的往往是一些过于诗意的畅想；另一方面，由德高望重的专家们组成的评审团又往往是几十年深厚经验和传统的载体。其结果便是代表各种意见折衷与讨价还价的产物。真正进行创作的建筑师便在大众和专家这两极之间艰难的寻求着某种平衡。

我很幸运地参与了这样一个建筑师的团体，从中我不仅向前辈和同事学到了技术，也看到了我们当中还有不仅仅为中标而做设计的人。

崔海东(在方案组时间: 1097.11 ~ 1999.06)

在方案组，感受最深的莫过于对建筑设计理念的深刻追求。记得路易·康说过，设计要求人懂得事物的“序”，任何事物都有“表达”其真实存在的愿望。我觉得一个项目就像一道纷繁复杂的考题，建筑师根据环境、功能、业主要求等已知条件，必须认识这道题的核心所在，于种种可能的表达方式中找到那个基本理念，那个先于设计手法的原始形式，它正是未来建筑所强烈要求的成为的样子。

于海为(在方案组时间: 1998.07 ~ 2000.06)

在方案组工作一段时间，最大的收获就是学会了一种健康积极的建筑创作方法——设计不再被简单地定义为关起门来画草图的个人行为，而是根据不同方案的具体设计条件，以讨论、调研等方式不断通过内部的交流和从外部汲取信息，提出概念、突破个人局限性的集体创作方式。

谢 悦(在方案组时间: 1998.07 ~ 2000.06)

方案组是什么?——是设计院里距离建筑理想最近的地方。在学校里学习建筑学就好比是学员水手在岸上训练划桨的动作，而在方案组工作则好像是训练艇上，由教练指导，各人配合，开始下水搏击风浪。

李 靖(在方案组时间: 1999.04 ~)

在我眼中，方案组由这样一群年轻人组成：平日里他们凑在一起玩笑连篇，笑声不断；到了工作时倾心投入，默契配合。

在我眼中，方案组由这样一批建筑师组成：他们不仅仅注意形式的推敲，风格的创造；而且还执着于建筑的理念的研究，空间构成的探索。

在我眼中，方案组由这样一批理想主义者组成：理性与简洁是他们的目标；关注环境、关注社会、关注生活是他们的追求；他们满腔热情地在建筑创作中生活，也满怀希望地创造着建筑的未来。

很荣幸，我是他们中的一员。

陈奕鹏(在方案组时间: 1999.07 ~)

如果说通过学校的学习过程让我对建筑的认识形成了一个理想，那么在方案组的工作经历是对这个理想的升华，也是我建筑设计能力的飞跃。通过每次方案设计过程，我学会了如何思考，如何表达，如何创作，更重要的是学会了如何与同事合作。方案组对我来说，更像是具有浓厚学术氛围的学堂，让我得以继续深造。很荣幸自己能融入这样一个活跃的创作集体。

徐 丰(在方案组时间: 1999.08 ~)

我们有一度着迷于寻找“方案组”的拼音缩写“FAZ”这三个字母背后的有趣含义。对我来说“FAZ”意味着“FUTURE(未来)”、“ASSOCIATE(伙伴)”和“ZEAL(热诚)”。

张军英(在方案组时间: 1999.08 ~)

简单而美一直是我的理想。在方案组的日子让这个信念更加清晰。即使是殚精竭虑的语汇堆砌，也比不上纯净的主题。当纷扰平息，潮流褪尽，依然流传世间的，只能是看似简单的东西。

刘爱华(在方案组时间: 2000.05 ~)

或许对于很多建筑系学生来说，工作的开始即意味着建筑理想与实际工程之间的分界线，但是方案组却是这样一个地方，教你如何运用切实可行的手段构筑理想，同时修正理想。

在真正的设计工作中，建筑师的首要任务是解决问题，当适合的理念、手法、形式达到了解决问题的目的，它们才有了意义，有了光华。

方案组是一个让人脚踏实地地实现理想的地方，是成为一名执著于理想的职业建筑师的起点。

丁峰(在方案组时间: 2000.07 ~)

FANTASTIC ARCHITECTS ZONE 是方案组(FANG AN ZU)的译名戏称。半年来的经历让我觉得这个戏称很贴切，因为这正是一个建筑原创精神得到推崇、活力四射并且时常妙趣丛生的团队。

曹羽(在方案组时间: 2000.08 ~)

建筑创作的最终目的是什么?是为人类生活服务的。因此，在方案组里我们讨论的不仅仅是建筑设计，我们还谈论生活中的情趣，我们相信只有会生活的人，才能设计出优秀的建筑作品。毕竟，建筑设计的形式

(下转第13页)

建设部建筑设计院方案组作品选

威海体育中心是一个由体育场、游泳馆、网球赛场、篮球和网球训练场地以及高档公寓等几部分共同组成的体育综合体，我们在方案中将通常概念下封闭式的体育中心转化成开放型的“体育公园”，以环境设计为突破点，使之不仅仅只是单纯的体育比赛和训练场所，更是普通市民可以进行休闲活动的宜人城市空间，同时表达出威海市作为北方花园城市的地域特征。

主体育场基座部分被处理为连续的绿坡，使原本大体量的人工构筑物变成了自然景观，而且可作为远期体育场的扩展基座，绿坡下覆盖的空间被有效地加以利用，为体育场设施的多功能综合型经营提供了条件。体育场部分采用了钢结构，造型轻巧，坐落于绿坡之上，代表着20世纪现代科技的迅速发展与人类企图回归自然的情感需要二者之间的共存。

位　　置：山东威海
规划人数：25000人
建筑面积：19320m^2
业　　主：山东威海市体委

威海体育中心(中标方案)1997／08

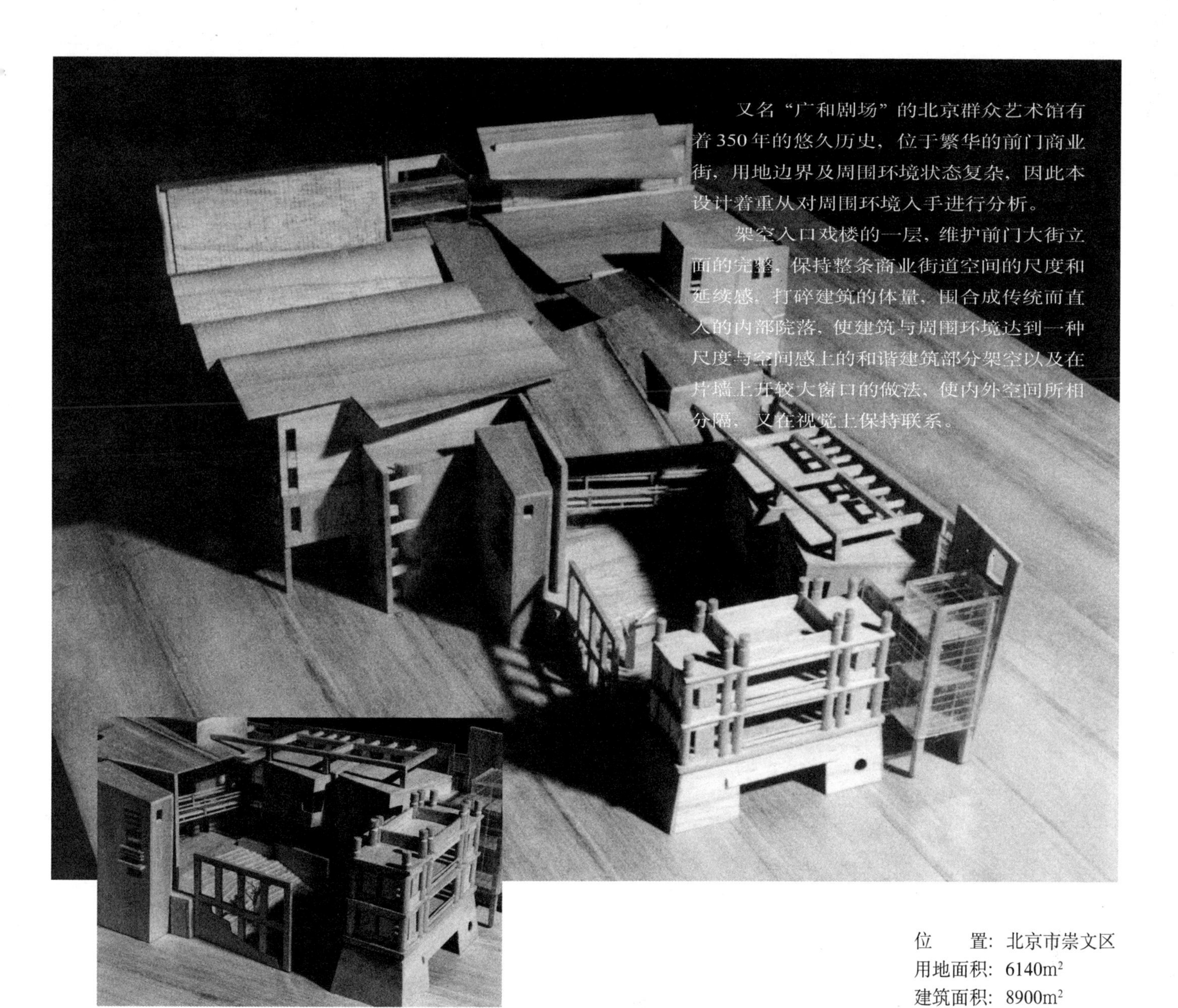

又名“广和剧场”的北京群众艺术馆有着350年的悠久历史，位于繁华的前门商业街，用地边界及周围环境状态复杂，因此本设计着重从对周围环境入手进行分析。

架空入口戏楼的一层，维护前门大街立面的完整，保持整条商业街道空间的尺度和延续感，打碎建筑的体量，围合成传统而宜人的内部院落，使建筑与周围环境达到一种尺度与空间感上的和谐建筑部分架空以及在片墙上开较大窗口的做法，使内外空间所相分隔，又在视觉上保持联系。

位　　置：北京市崇文区
用地面积：6140m²
建筑面积：8900m²
业　　主：北京市文化局

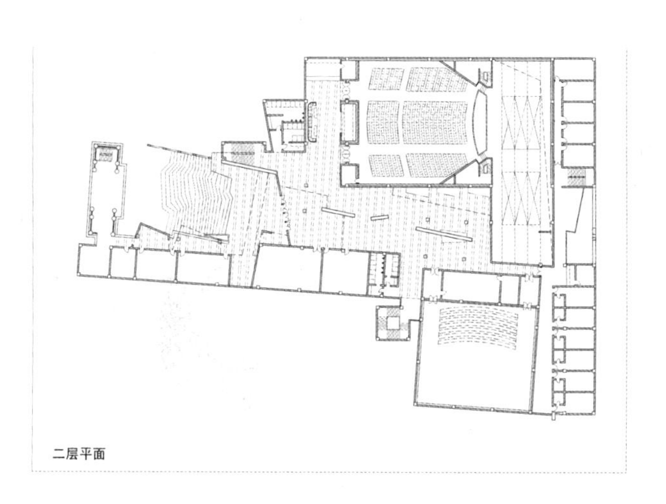

二层平面

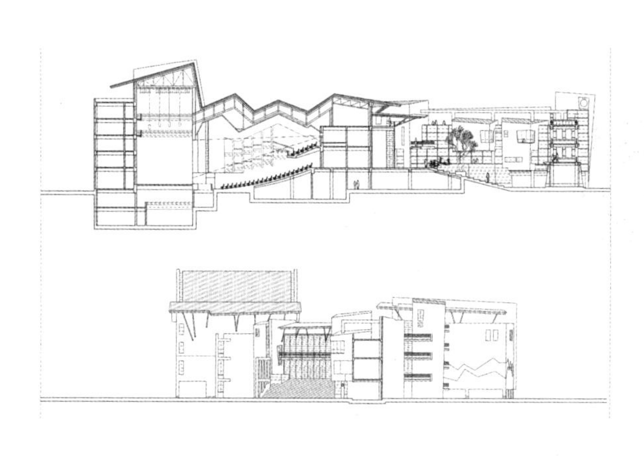

北京群众艺术馆　1998 / 04

本方案设计立意于“琴”的概念。古琴的意念不但呼应了国家剧院的建筑性质，同时也象征着中国源远流长的民族音乐艺术；同时依据基地所处的特殊位置，我们在设计中将这两套建筑语汇相互插合，就此形成方案的基本特征；作为背景建筑形象的柱廊表达了对人民大会堂、历史博物馆、毛主席纪念堂等天安门广场建筑群风格的呼应沿续。主体建筑形象暗示了中国传统皇家建筑的色彩与意念。富于原创性的建筑语言表达了对北京作为中国古典都市建筑精华的敬意与融合。在首轮参加竞赛的四十多个国内外参赛方案中，此方案是最终入围前五名的唯一中国方案。

位　　置: 中国　北京天安门广场
用地面积: 38900m²
建筑面积: 116497m²
业　　主: 国家剧院业主委员会

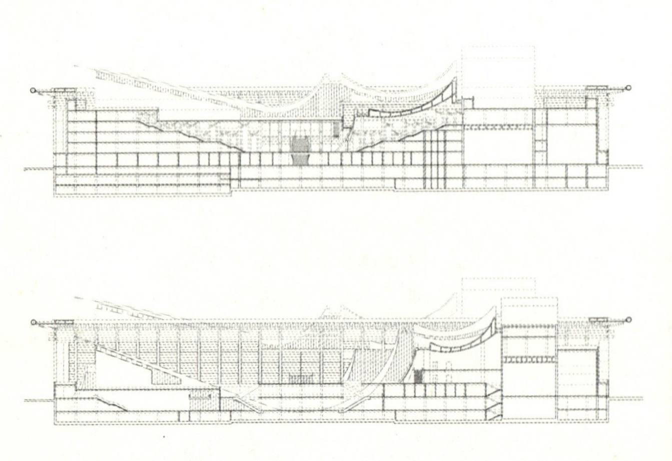

中国国家大剧院(入围方案)1998 / 07

在方案中我们试图体现一种不拘一格的浪漫主义风格。“漂浮”在水面之上的橄榄形玻璃厅，缓缓起伏的扇形屋面，从屋顶倾斜而下白色的波浪小厅，穿出玻璃门廊的红色观众厅，被统一在有机的构图之中，呈现出丰富的节奏和韵律感。扇形屋面设计中的“活动曲线曲面”的手法，玻璃橄榄厅精巧的节点，以及无数以精确的数学为基础的充满现代感的曲线的形成，体现了理性的严谨与感性的浪漫完满的结合。

广州歌剧院南临珠江，与“两山一水”的广州旧城相联，与其东侧的博物馆，以及海沙心桥的标志塔，共同构成总体环境的三个视觉节点，形成珠江新城城市景观的高潮。

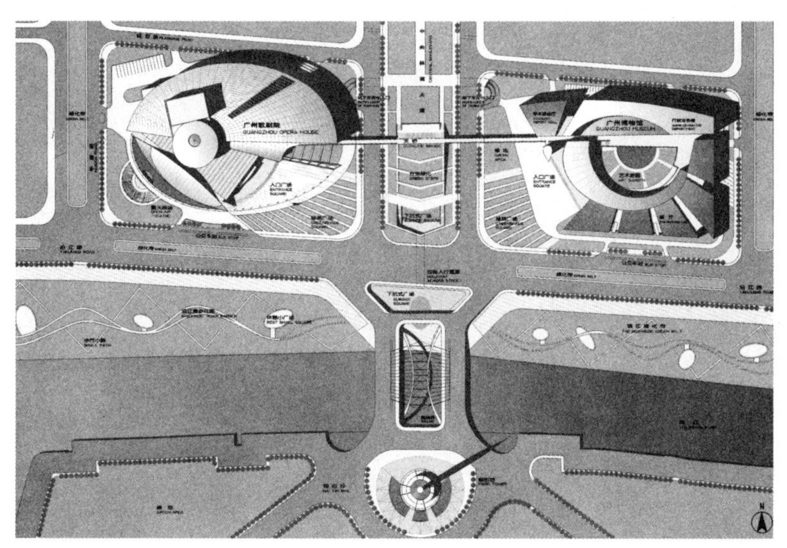

位　　置：广东广州
用地面积：42000m²
建筑面积：46000m²
业　　主：广州歌剧院筹委会

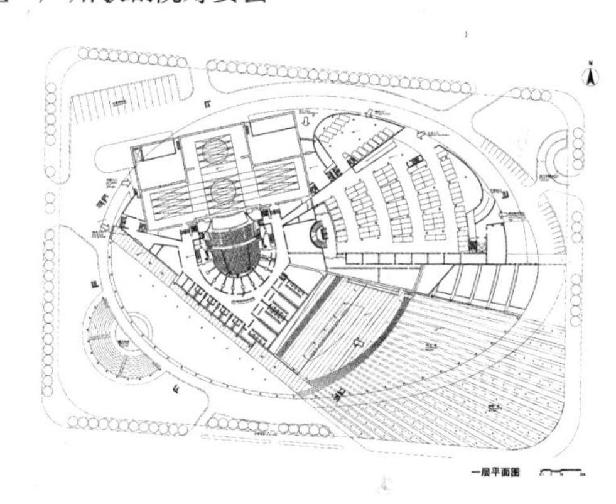

广州歌剧院(入围方案)1999/05

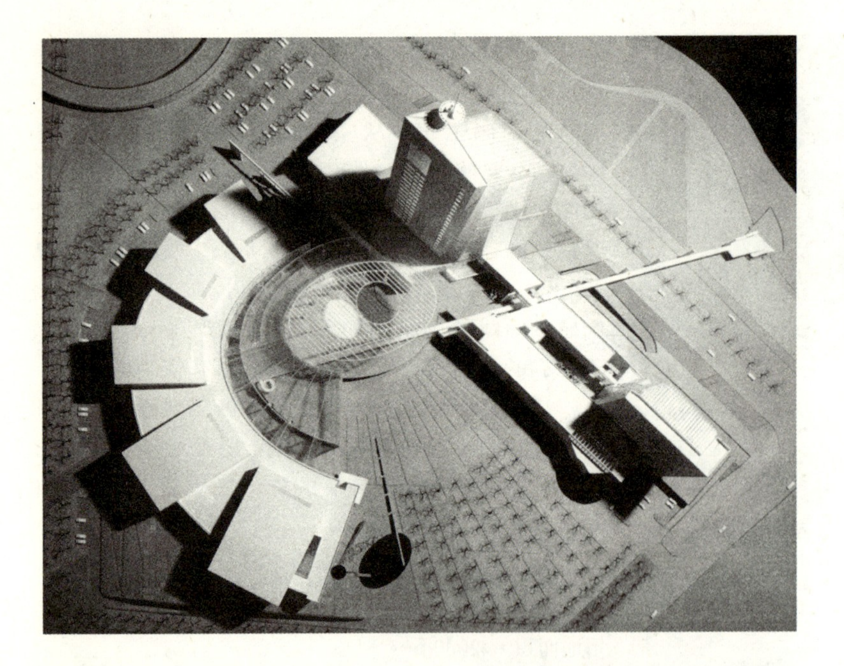

本方案将广播中心和电视中心两幢主体办公楼沿景观良好的江滨大道布置，几个电视演播大厅根据功能需要逐级自然展开，并与城市生活形成很好的呼应。

其内部交通有三个特点：

一、逐渐展开的玻璃候播厅将大小演播室、工作间和演播广场有机结合在一起；

二、天桥将建筑从内到外贯穿起来，反映了广电建筑的公众性；

三、建筑交通始终与绿化和景观相结合，使人们在优美的环境中工作生活。同时我们对绿化和生态设计都给予了充分的考虑，注重绿地的连续性，实现绿化和建筑的一体性。

建筑外墙材料主要为金属板，根据内部的不同功能分别采用了实墙开窗、玻璃幕墙、遮阳百叶、玻璃加隔栅等处理手法，并通过建筑细部开窗、外墙分格等使外观统一和谐。

位　　置：福建省福州市江滨大道

用地面积：$78000m^2$

建筑面积：$113900m^2$

业　　主：福建省广电厅

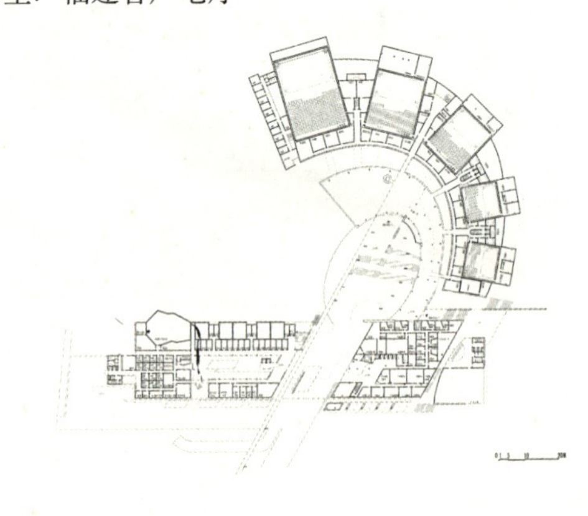

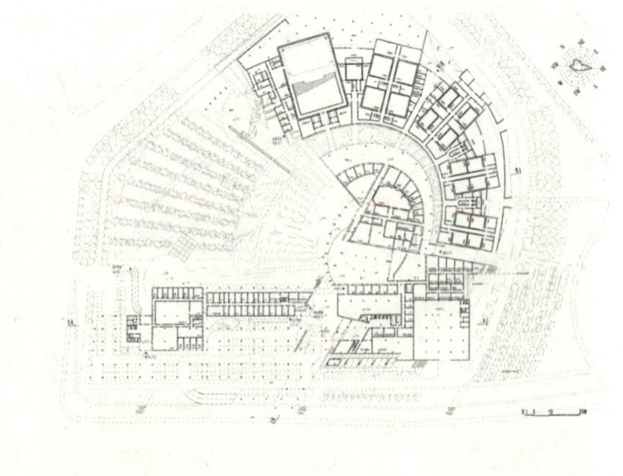

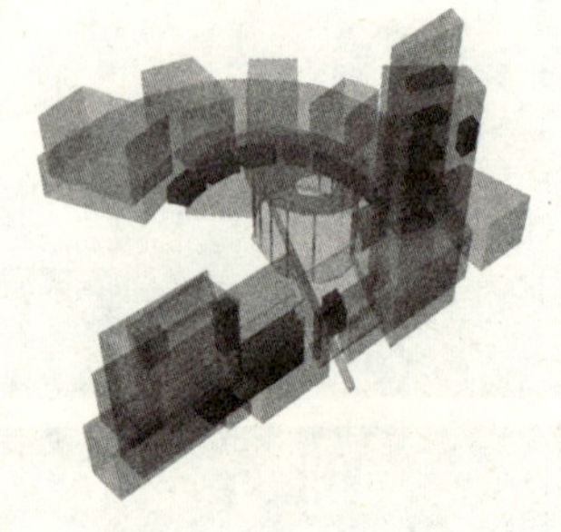

福建省广电中心(中标方案)1999/09

中关村西区作为一个高科技开发区和高质量的科技商贸区，有着自己的特点。在本次中关村西区的规划中我们体现了以下几个指导思想：1. 以集中式规划布局方式，体现高科技贸易所具有的集成化、高效率、复合型的功能特点。2. 开辟出大面积的绿化空间，完全改变了中关村白颐路地区的生态和景观环境。3. 多层次的网络化的布局安排，使之与北京的棋盘式格局形成一种内在的呼应，并赋予了更新的含义。4. 最大限度地减少了地面道路交通和地下市政管网工程量，地下车库集中布置并形成网络，大大提高了使用效益。5. 有利于分期开发和提供综合的开发模式是本规划的另一个重要着眼点。

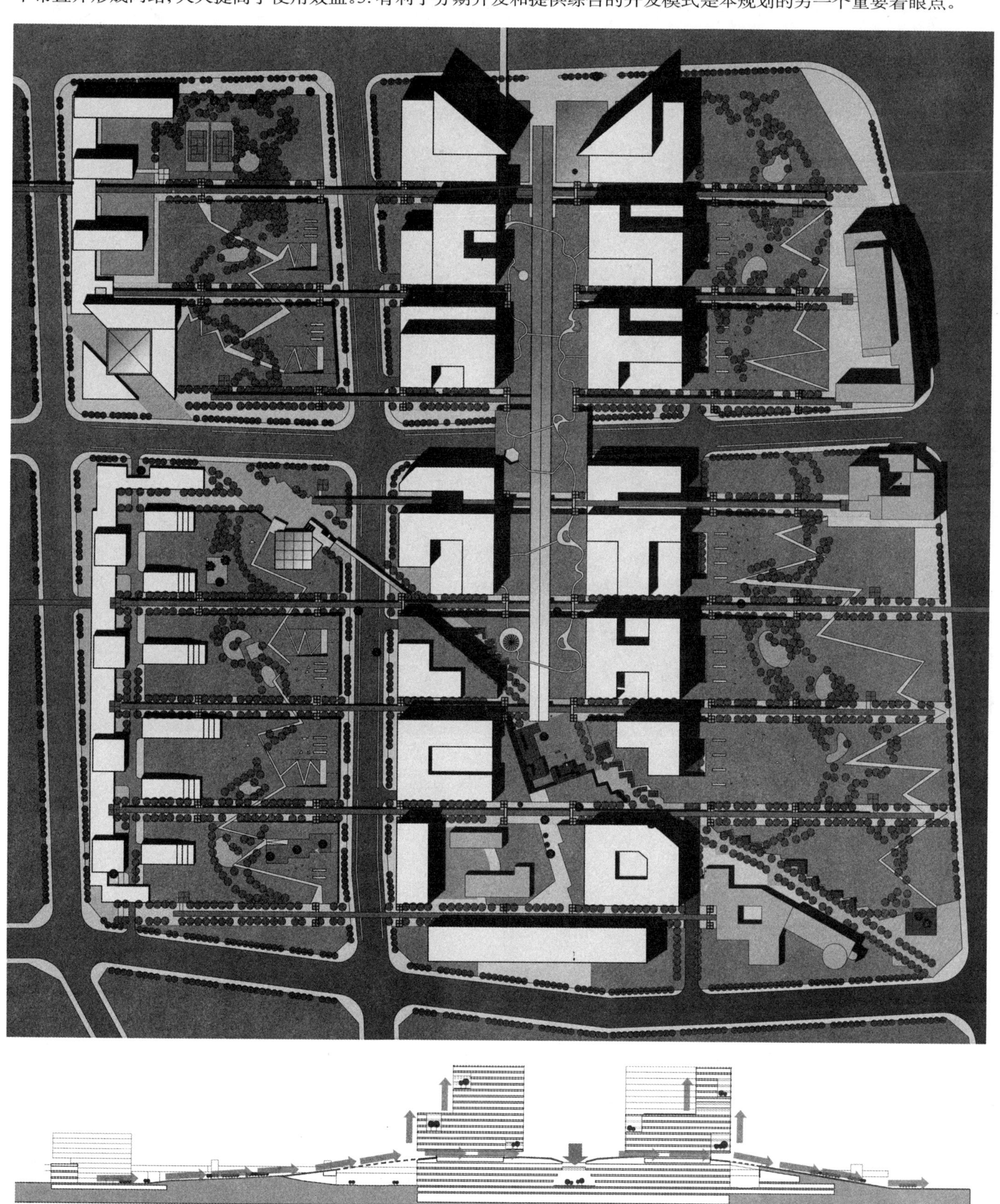

每个地块建筑内部和外部空间绿化分析

中关村西区规划(入围方案)1999／10

本方案地段北部是300m高的电视发射塔，为了与之在平面和空间上呼应，我们将50m高的办公板楼布置在地段南侧，而将演播室部分组织在电视塔周围，形成一个椭圆形的绿化广场。在方案中，我们将两组建筑形体设计成简洁的流线型，中间由一条玻璃通廊连接在一起。演播室部分的屋顶是一个坡向电视塔广场的斜面，在底部与其周边的绿化融为一体。整个建筑外部由大量金属板、玻璃和金属百叶组成，显示出纯净与理性之美。南侧的办公楼与演播区中部开敞，形成一条把电视塔广场和建筑南侧大草坪联系在一起的视觉走廊，使建筑与环境成为一个有机的整体。

位　　置：黑龙江省哈尔滨市
用地面积：64000m²
建筑面积：103000m²
业　　主：黑龙江省广播电视台

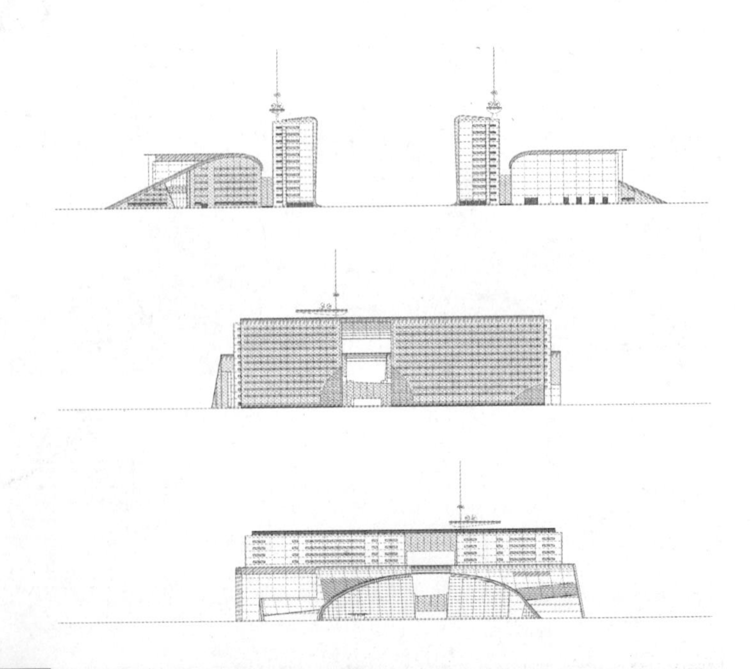

黑龙江广电中心(入围方案)2000/04

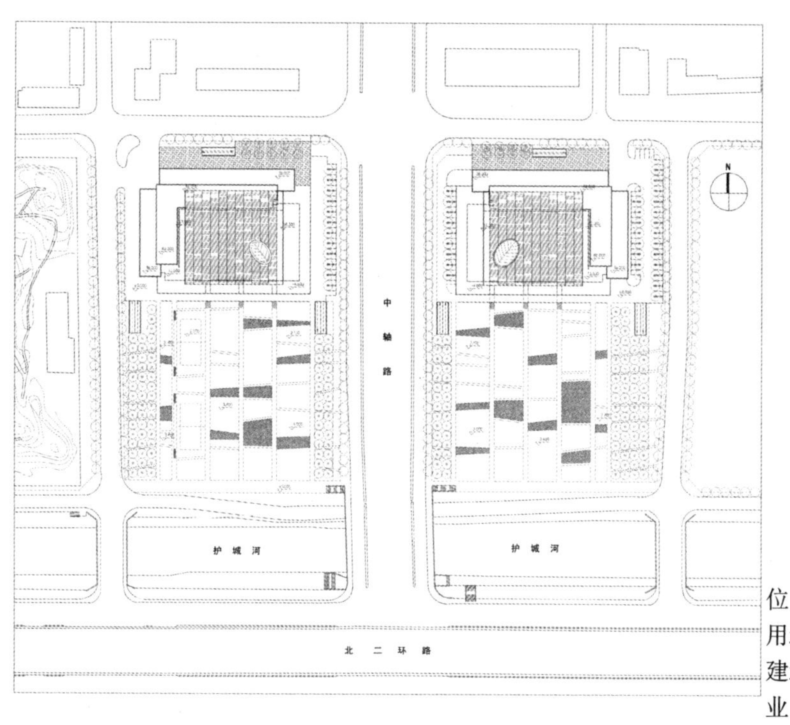

天圆广场位于北京的中轴线上，与紫禁城的午门在空间和形态上形成呼应，我们将两组建筑的外侧L形实墙比喻为旧城之墙，内侧玻璃部分比喻为新城之墙。本方案还大量运用了传统的红色与灰色，并给窗、水、隔栅等赋予历史含义，以此实现新旧时空的转换，此外，建筑的肌理与广场绿化肌理相互协调，有机地结合在一起。

位　　置：北京市北二环
用地面积：42400m²
建筑面积：93500m²
业　　主：天圆广场组委会

天圆广场(入围方案)2000 / 05

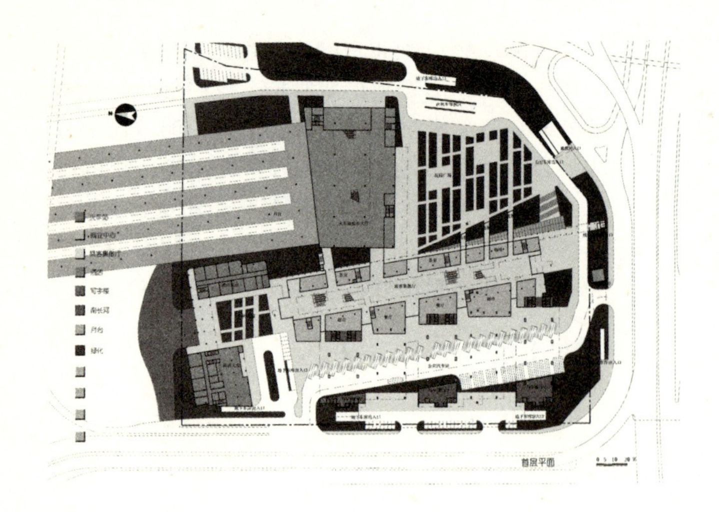

西直门枢纽地处北京城区通往西北郊区的门户，是沟通地铁等九种交通方式，集商业办公等服务设施于一体的综合性交通枢纽。本方案有以下特点：

1. 换乘便捷：以地面层的乘客集散大厅为核心，多种交通设施分层设置、立体换乘。大厅地下为地铁车站，设有通往地铁车站的换乘通道，并可直达站前广场。

2. 环境优美：围绕集散大厅设置广场绿化、花园屋顶以及屋顶平台绿化，把阳光引入地下空间，使人们贴近自然。

3. 造型独特：三座办公楼的流畅曲线蕴涵“门户”的隐喻，建筑群北部较低，保留出从北二环路远眺北京展览馆的视觉走廊。

位　　置：北京市西直门
用地面积：56000m²
建筑面积：11000m²
业　　主：北京市华融房地产开发有限责任公司

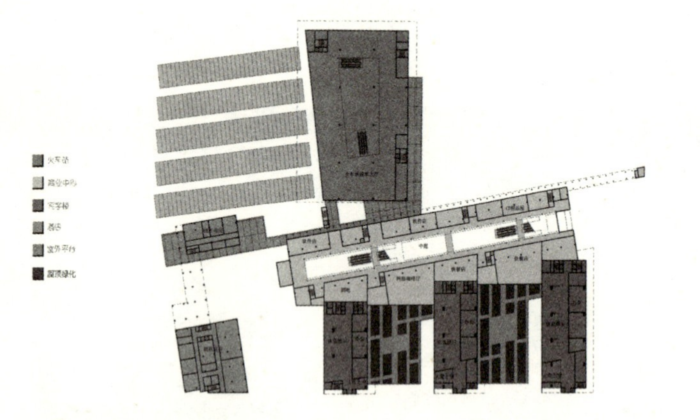

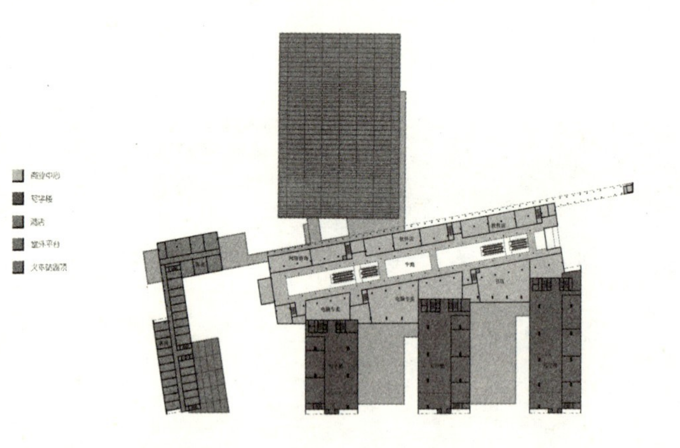

西直门交通枢纽(中标方案)2000/06

本方案力求创造一种现代的内向型博物馆空间，使人们在宁静中审视历史。博物馆布局呈矩形，中心是一个绿化庭院，建筑平立面由一组单元体组成，造型简洁而不失变化，具有一种沉稳而庄重的文化气质，与北京固有的城市肌理形成了很好的呼应，在方案中，我们还展现了一种脱胎于“游廊”的全新观展模式，将展厅与内院有机地连接起来，极大增强了博物馆的文化性和趣味性。

位　　置：北京市复兴门外大街16号
用地面积：24000m²
建筑面积：63340m²
业　　主：首都博物馆建设工程业主委员会

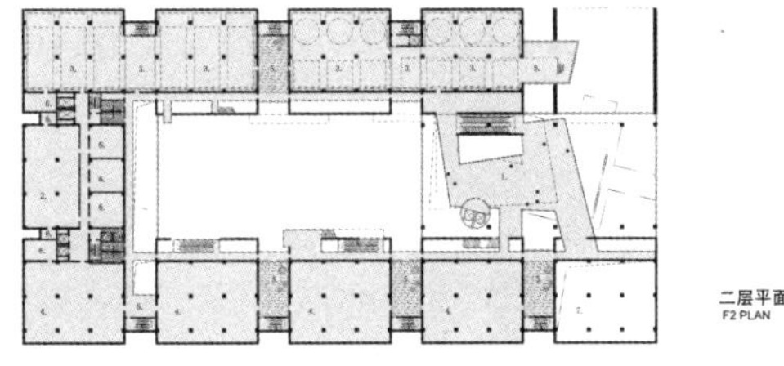

二层平面图
F2 PLAN

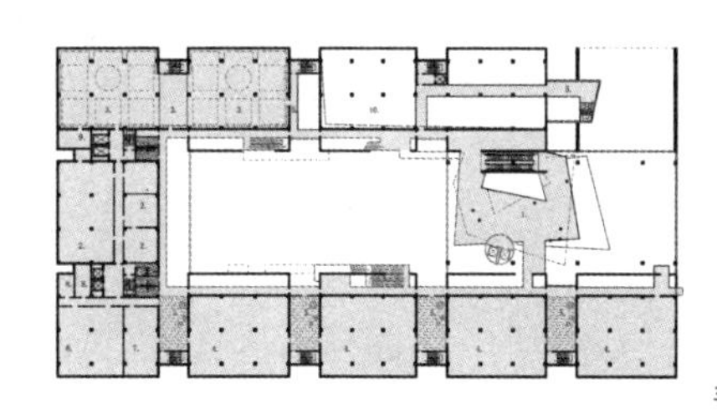

三层平面图

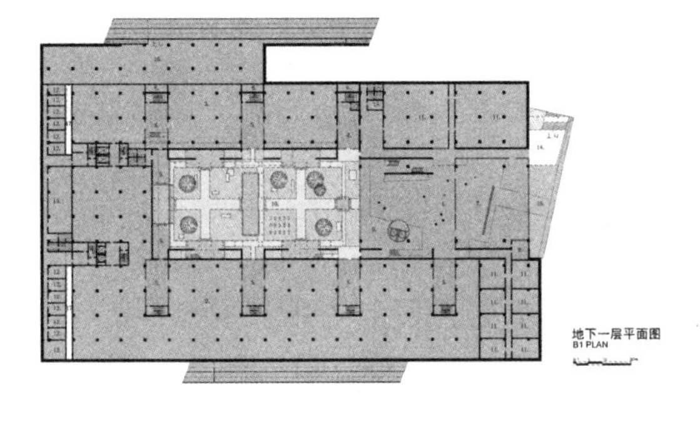

地下一层平面图
B1 PLAN

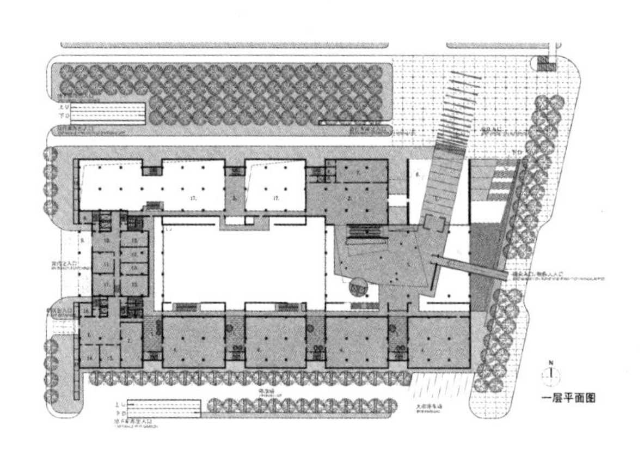

一层平面图

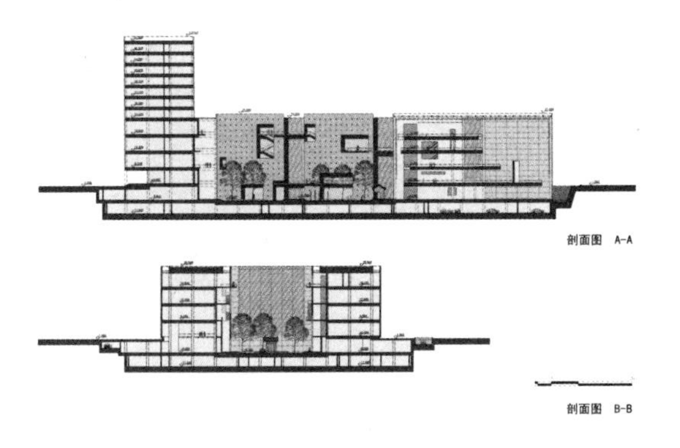

剖面图 A-A

剖面图 B-B

首都博物馆(入围方案)　2000/10

世界大都市的城市规划课题

[日] 北原理雄
姚琳译 傅克诚校

20世纪后半叶的大都市CBD规划可以分为以下三个阶段。

第一期：50年代～60年代的都市再开发期；

第二期：70年代～80年代前期的市街地整备期；

第三期：80年代后期～90年代的开发管理期。

在此通过介绍美国与日本的成功事例来阐明各个时期的特点。

1. 都市再开发期

对近代都市规划产生巨大影响的有两个典型。一个是1898年霍华德(Ebenezer Howard)提倡的"田园城市"，他认为都市问题的根源是过分拥挤。因而他提出了远离母城，人口3万，土地按用途区分的田园城市的主张。第二个是1922年勒·柯布西耶(Le Corbusiei)提倡的"现代都市"。他的提案中，超高层住宅矗立于公园之中，高速道路纵横交错。在传统型都市中，道路与广场成为人们社会生活的聚集点。可是在他的"现代都市"中，高速道路与空旷的草坪取代了道路与广场，对于用车者是方便的，而对步行者却恰恰相反。这两个典型都有与都市特性相违悖的一面。但由于通俗易懂，善于想像，于是对世界各地的都市规划产生了很大影响。

洛杉矶的都市人口350万，大都市圈人口940万，是美国第二大都市(图1、2)。其形态特点可以概括为"向平面延伸了的大都市"。由于这里地震多发，高层建筑比较罕见。二次世界大战后不久建成的26层的市政府就是最高的建筑了。由于家庭私用车的不断增加，到了60年代，拥有1万多平方公里的洛杉矶大都市圈内，低层低密度街区比比皆是。这是极特殊的都市形态，虽然不具备普遍性，但却是近代都市规划预言的典型之一。

郊外的居民如果没有家庭私用车，就没有办法去CBD通勤与购物。因此不仅导致了大量汽车增加，同时出现了塞车以及大气污染等问题。在洛杉矶市内，到1965年为止，平均两人就有一辆车，结果一年中就有130天是烟雾天。传统型都市的CBD应该是周围居住着许多人，使CBD多姿多彩和充满活力。可是随着CBD经济的发展，高效益的办公楼大量涌入，使得生活环境不断恶化。50年代后期高速道路网整备之后，有家庭私用车的中高收入居民一举迁往郊外。CBD周围只剩下了低收入居民的住宅。

传统型CBD应该是个活跃的多样化市场，24小时都会有人们活动在这里。自从大部分居民迁移郊外后，使CBD的商业及娱乐设施变得既萧条又冷落，倒闭关门的店铺越来越多。都市的印象极其淡漠，CBD也越发冷清。

洛杉矶的CBD是汽车社会都市的典型。60年代交通用地占70%，建筑物被孤立在停车场的海洋里。这使步行者经常感到危险和窒息。在CBD的一角邦克山(图3)有55hm²的再开发地，超高层办公楼鳞次栉比。楼宇之间有通道相连，街道上就更是没有行人的影子了。传统的CBD，应该是楼宇沿街而立，创造出都市空间的连续性。可是这些被停车场围住的摩天楼不但破坏了这种连续性，而且还导致步行者难以进入CBD，使整个都市都缺乏了生气。

日本经过战后的复兴，50年代后期进入高度成长期，当时大都市为解决人口剧增问题，决定在火车站前或大工场废墟进行再开发，还在郊外进行大规模住宅开发。当时模仿的是高楼周围建公园的现代都市规划典型。

东京副都心原是34hm²的净水场的废墟地。街道呈整齐的网格状。十几幢200多米高的摩天楼宇成了日本最早的高层区，曾经被称作日本的曼哈顿。可实际步入此地，就会感到与曼哈顿有明显不同(图4)。英国人彼得·波普汉姆(Peter Popham)是这样评论的："主宰着新宿副都心的是土地区划而不是街道，而在曼哈顿，沿街的楼宇构成了三维空间，街道和建筑之间存在密切的联系和交流的可能。可是新宿的高层区内，A地与B地之间只有架空通道连接”(图5)。这恰恰是效仿现代都市规划典型开发的结果，使行人从街道上消失，CBD成了摩天楼的仓库，丝毫没有生机。

2. 市街地整备期

美国东海岸的波士顿，都市人口57万，都市圈人口550万，建于1630年。40年前波士顿开始了近代化发展，CBD也随着发生了很大的变化。金融商业街北侧的政府中心是再开发的典型。19世纪中期这里曾是港口附近的高级社交中心，后因为客人减少，港口渐渐变得冷清，这里就变成了便宜旅馆和酒馆的专门地带。面临这种状况，市政府召集相关行政部门，作了彻底改变都市面貌的决定。于是，将$24hm^2$范围的旧建筑拆除，建中央广场，1968年在广场正面又新建了市政府楼(图6)。这项再开发仍是近代都市规划模型的忠实反映，结果路上行人稀少，偶尔有行人也是穿过长150m的广场匆匆而去，似乎根本没有留意脚下铺着气派的地砖与花岗岩的广场(图7)。

人给都市带来生机。人的存在同时吸引更多人的停留。丹麦都市规划家让·盖尔(Jan Gehl)说：“为了有效利用街道和广场而创造生机勃勃的空间，有时需要适当的‘狭窄’”。他还批判了当时的建筑家和规划师们棘手小型空间的不良倾向。他劝言说：“当犹豫不决时就请砍掉些面积”。

这样的都市再开发抹煞了都市的历史，使都市生活黯然失色。进入70年代，波士顿开始强调市街地整备应该以保护历史遗产和尊重居民生活为基础。与政府中心一道相隔的法尼尔山市场(Faneuil Hall Marketplace)建于19世纪初。由于50年代开始老化，决定重建。60年代后期讨论规划方案时，决定保存原建筑进行修复(图8)。于是1976年以节日市场(Festival Maketplace)为名在这里开设了商业中心，人来人往，洋溢着一片生机(图9)。另外还把楼与楼之间的存货场改造为步行者广场，经常举行各种各样的杂耍表演，呈现一派热闹景象(图10)。法尼尔山市场的成功，是能够把保护历史建筑和增设路灯、凳子、看板、标记等现代因素有效地融合在一起，使波士顿面貌焕然一新，为曾经失宠的CBD活性化事业重新点燃了希望之火。而且充分地证明了尊重和重视人的生活环境及都市的个性是市街地整备成功的关键。

横滨的都市圈人口为340万，是日本第二大都市。1968年横滨市召集了都市设计、都市规划、土木、建筑、造园、福利等技术专家设立了企画调整局，在日本还是第一次由市政府组织重视居住环境的市街整备工作。

企画调整局最先着手的项目是“楠树广场”的规划。市政府两侧有一条连接车站与办公楼的通勤路，路又窄早上行人又多，很煞风景。当时横滨正修建地铁，企画调整局考虑到同时施工的可能性，制定了步行道整备的计划。迁移车行道，扩宽人行道，铺了红砖，道旁种上楠树，树荫下设有凳子(图11)。虽然只有宽17m，长120m的空间，却受到许多人的钟爱。千里之行始于足下，这种改善都市环境的尝试唤起了市民的热情和希望。

伊势佐木町在19世纪初是横滨的繁华商业区。可是70年代初期受到站前大商场的竞争和排挤，客人越来越少，失去了往日的繁荣。企画调整局与当地的商业者齐心协力，提出了全面改造步行道的计划。当时汽车数量增加迅速，以致众多专家和政府人员都认为保障激增汽车的顺利运行是道路的首要责任。可是，企画调整局与当地的商业者们却认为，街道的主角应该是人，应该是步行者。政府官员持反对意见。改造的结果却充分地作了证明(图12)。1978年完成的伊势佐木林阴大道，整个街道设置了路灯、凳子、花坛等，成为步行者舒适的活动空间。焕然一新的街道吸引了许多人们，萧条的商业街恢复了繁荣，横滨市的这次挑战打破了旧框框，向人们预示了新的可能性。

3. 开发管理期

进入80年代，波士顿的开发，尤其以滨水空间整备为中心(图13、14)。CBD的天际线发生急剧变化，废弃的港口摇身变成生机勃勃的滨水街区(图15)。在美国，波士顿是很罕见的都市，既有大都市的雄伟气派，CBD的周围又有环境优雅的居住区。随着经济的发展，开发投资的速度不断加剧。市民们虽然渴望都市的发展，但对速度过急却十分担忧。

为了坚持“妥善管理都市开发”的方针，1983年对在CBD开发的企业，附加了建设住宅的义务。可当时重视开发的市长对此提议持反对票。此话题便成了当年市长选举的焦点。结果是赞成“开发管理”的候选人当选了。新市长诞生后的1987年，波士顿市发布了“开发管理计划”的条例。所谓的“开发管理”不是完全否定开发，而是通过制约和控制开发的速度、质量和种类，从而保证都市规模和创造协调的都市环境。波士顿的“开发管理计划”中包括三个原则。

第一、开发应该是以增加市民的就业机会、提供住宅和改善公共设施为前提。

第二、开发还应该受到保护环境和保护历史特性的制约，以及保证都市交通等基础设施的平衡发展。

第三、开发规划的过程应该建立在市民参加的基础之上(图16)。

波士顿遵照此原则，循序渐进，为了体现都市特色，CBD内的开发受到严格的高度限制，而且对同周围环境协调等方面制定了监督审查制度。尤其给办公楼的开发商附加了建设住宅的条件。在美国被称为野心勃勃的“开发管理”政策。

美国西海岸的俄勒冈州的波特兰(Portland)市，都市人口45万，都市圈人口130万。波特兰市最早着手再开发是在1968年。与美国的许多都市相同，当时CBD的衰退极其严重。这是因为，为了满足汽车剧增的需要，复兴转移郊外的都市功能，将许多建筑拆毁改建了停车场，于是越发导致CBD冷清，造成了人们越离越远的恶性循环。以“CBD的复兴主宰着都市的命运，CBD应该拥有独特的文化历史和丰富多彩的生活”为原则，市政府花四年时间，发动市民来扭转郊外化发展的被动局面。为了同郊外对比，突出强调都市个性，提出了以整备公共交通和公共空间为主的设想(图17)。

波特兰市的CBD由60m长的网格状街道构成。从70年代起，为了进一步方便步行者，开通两条纵断CBD的优先公交线路，分别为单行道。每条单行道由三条车行道构成，其中二条为公交车专用道。设有玻璃棚的汽车站排列在铺着红砖的人行道上，这条道又恰好是通往商业街的必经之路(图18)。尤其是露天冷饮店更增添了都市的生活气息(图19)。1986年，波特兰市进行了第二阶段的公交整备工作。与优先公交路线相交，横穿CBD延伸至郊外住宅区开通了新型路面电车。为了减少家庭用车的使用，鼓励利用路面电车和公交车，市政府决定，CBD内免费利用。当有人问起经济效益时，有关部门解释说：“如果将此看作是防止大气污染投入的预算的话，经济效益是无穷的”，这种综合地长远地分析都市开发的理念，是复兴CBD的重要保证。另外，在波特兰市，公共空间整备的代表作，应该是70年代完成的滨水公园和先锋市民(Pioneer Courthouse)广场(图20)。

滨水公园是撤去了沿河边的一条高速道路而建成的。宽60m，长1.6km。这条威拉米特(Wilamette)河是波特兰市CBD诞生与发展的动脉。以前高速道路使街道与河分离，大大影响了此地区的发展。为了把河与市民的生活结合在一起，市政府大胆地提出将高速道路迁移河对岸的改造。像这样既建成了公园，公园旁又建起了新颖别致的住宅和时髦的饭店，为滨水都市增添了新气象(图21)。

先锋广场可以说是市民自己建造的。位于市中心，1952年曾是停车场，到了70年代，成了CBD中心的空洞。在“大家一起建广场”的倡导下市民们纷纷行动起来。在这里最值得提的是收集资金的情况，以“从我做起，从小事做起”，市民为一块砖捐款15美元，捐款人达64000人，金额竟超过100万美元，广场建成了。一到中午人们便来到广场休息，消遣。周末各种摊亭商贩也聚集在广场上，热闹非凡。广场上铺着的砖都刻着捐献者的名字(图22)。

以此成功为契机，1992年经市民投票修改了俄勒冈州的州法。以波特兰为中心的24个市设立了都市圈行政机关。其宗旨是把都市圈的规划人口规定为200万，长期的开发管理应该是建立在保护自然环境和创造良好的居住环境，从而实现CBD的充实等基础之上。

4.大都市CBD规划的方向性

到了80年代，日本经历了泡沫经济的挫折后，政府打着缓和开发的招牌，过度地夸张了办公楼的需要，使得银行和企业一齐拥向土地投机。结果大都市CBD的地价上涨，周围居民被驱往郊外，严重破坏了都市功能的平衡。从70年代起，日本的都市规划已经开始重视市街地的整备。这种无秩序的开发，不但使前功尽弃，而且造成很多严重的都市问题。进入90年代，日本的都市规划处于再建设期。下面我们参照过去的经验，来总结归纳大都市CBD规划的方向性。

第一，发展健全的CBD，不应单纯强调办公楼的功能，而必须实现商业、居住功能的和谐与协调。

(下转19页)

图1 洛杉矶

图2 洛杉矶的商业区

图3 洛杉矶的邦克山

图4 新宿副都心

图7 波士顿政府中心与中央广场

图11 楠树广场

图5 新宿副都心／东京都厅(1994年)

图8 波士顿法尼尔山市场(1968年)

图12 横滨伊势佐木步行街

图9 波士顿节日市场商业中心

图13 波士顿滨水空间之一(1991年)

图6 波士顿政府中心(1968年)

图10 波士顿的步行者广场

图14 波斯顿北部(1986年)

图 15 波士顿滨水空间之二(1991 年)

图 16 波特兰过道

图 17 波特兰路边咖啡馆(1997 年)

图 18 波特兰街道

图 19 波特兰滨水公园

图 20 波特兰滨水景观(1997 年)

图 21 波特兰先锋广场

图 22 波特兰先锋广场上的砖刻着捐献者的名字

“世界都市”假说及其部分论证

傅克诚

1986年，J.福里德曼（J. Freedman）提出“世界都市”假说，在学术界引起广泛重视，部分研究都市问题的学者结合各自命题，继续进行多年研究。1993年，在华盛顿召开了以世界体系中的世界都市（World cities in a world system）为题的学术报告会，由地理学、政治学、行政学、都市政策学、计划学、生态学等领域的学者围绕主题发表论文，J.福里德曼也在会上补充了他的理论。1995年由美国宾州工科大学都市问题计划学教授保罗·L.瑙科斯（Paul L. Knox）及英国新城堡大学政治地理学教授彼德·J.泰勒（Peter J. Taylor）共同编辑出版了研讨会论文集。

该书分三方面论述“世界都市假说”：

1. 有关“世界都市”本质及理论框架的模式；

2. 有关“世界都市”的场所性、功能关联体系；

3. 有关“世界都市”在政治文化变革中的各方面。

论文根据大量统计资料指出了“世界都市假说”的论证的合理性部分，同时也提出不少可质疑之处。

“世界都市假说”并不是全面论述城市的诸要素，而仅侧重于将世界主要城市置于全球经济体系中，以从其在全球经济体系担当的经济地位着眼研究城市特征、相互关系，在国际经济分布形态特征，提出了超出一般城市概念的“世界都市”网络。这一假说，可以说是代表20世纪70~80年代，由全球经济发展而赋予城市的新的经济特征为基础的学说。

J. 福里德曼认为，研究城市不能仅从其地理、历史、人口等“自然力”的发展，仅从生态学观念来观察，而更应从生产关联的资本制的社会经济关系中来观察，城市是由社会的“经济力”而产生出来的特殊的产物，他提出，城市以“世界资本”作为核心，形成了城市群。尽管这一假说有其片面性，而且确实还处于“假说”阶段，但其论述与涉及的有关现代城市经济的侧面，根据大量统计数据对世界各大城市所处在世界经济中的地位及发展趋向的研究，如对世界城市在全球经济地位的认识，及全球经济发展引起的世界大城市城市结构变化、就业结构变迁，这些变化必然影响到CBD区的发展。对研究近年来国际大城市的CBD无疑有可参考之价值。

一、“世界都市假说”简介

J.福里德曼提出了“世界都市”七个方面的特征。

（一）一个城市在世界经济中“被统合样相”和其程度，与在“新经济空间分布”中具有的功能实态，对该城市内部产生的各种变化以决定性影响。

这一论点提出了城市发展受到世界经济的制约，他解释为：

1. 被“世界资本制体系统合”的意义是将城市经济置于世界资本、劳动力市场和商品市场体系的结合上。位于在其体系上的各个结节的城市将表现出本城市的特殊形态、强度和其持续性。

2. 在“新空间分布形态中该城市被赋予的功能”。

J. 福里德曼解释为，在资本制下，世界经济体系构成新空间分布形态体系，在空间分布形态体系中，国家、地方和各城市各自都有着特殊的作用，如大城市在经济方面担当着世界体系的中枢管理功能，主要是金融中心的作用，具有将国家规模的经济进行分化统合的功能，如以纽约为例，纽约就具备了各种功能。“新空间分布形态”可以理解为在构成全球经济为总体的经济空间结构。

3. 在城市内部产生的各种结构变化

J. 福里德曼解释为，现代城市为适应外部条件而常产生变化，如劳动市场法、都市的物理形态的变化等等。引起变化的根源，是由于超越国境的资本流动方向性及其量，致使金融管理和有关生产各部门的“功能空间分布形态”发生变化，其影响从生产管理部门等的基础经济活动直到雇佣形态的变化。他也提出，这些变化也会受到一些条件的限制，如城市的历史原因、国内政策及对移民、商品输入，对国际资本的部分限制，本国保护主义等等。

J. 福里德曼将部分世界大城市按其在全球的经济地位进行了排列（表 1）。

对表中的用语，他解释为：

“中核诸国”：指根据世界银行所提出的 19 个工业化市场经济体制的国家。“半周边诸国”：指拥有重要工业手段，在市场经济中大部分处于中等程度经济国家。根据排列的选择基准为考查城市拥有的主要金融中心，跨国公司本部或地域本部，国家机关数量，业务服务的急速增长度，有否重要的制造业中心，主要的交通机关和人口规模等。

部分世界都市的阶层性　表 1

中核诸国		半周边诸国	
第一次都市	第二次都市	第一次都市	第二次都市
伦敦＊Ⅰ	布鲁塞尔＊Ⅲ		
巴黎＊Ⅱ	米兰Ⅲ		
鹿特丹Ⅲ	维也纳＊Ⅲ		
法兰克福Ⅲ	马德里＊Ⅲ		
苏黎世Ⅲ			约翰内斯堡Ⅲ
纽约Ⅰ	多伦多Ⅲ	圣保罗Ⅰ	布宜诺斯艾利斯＊Ⅰ
芝加哥Ⅱ	迈阿密Ⅲ		里约热内卢Ⅰ
洛杉矶Ⅰ	休斯敦Ⅲ		加拉加斯＊Ⅲ
	旧金山Ⅲ		墨西哥城＊Ⅰ
东京＊Ⅰ	悉尼Ⅲ	新加坡＊Ⅲ	香港Ⅱ
			台北Ⅲ
			马尼拉＊Ⅱ
			曼谷＊Ⅱ
			汉城＊Ⅱ

注：＊首都

人口规模分类（都市内人口）

Ⅰ 1000 万～2000 万，Ⅱ 500 万～1000 万，Ⅲ 100 万～500 万

（二）世界都市第二特征为：世界各城市群在生产及市场的分节中起到据点作用

J. 福里德曼根据他对世界城市分析的阶层关系，通过各都市结合关系，提出了世界都市形成空间阶层复杂的网的关系概念。作成了世界部分城市等级层示意图（图 1），以便直观世界部分都市经济结构。

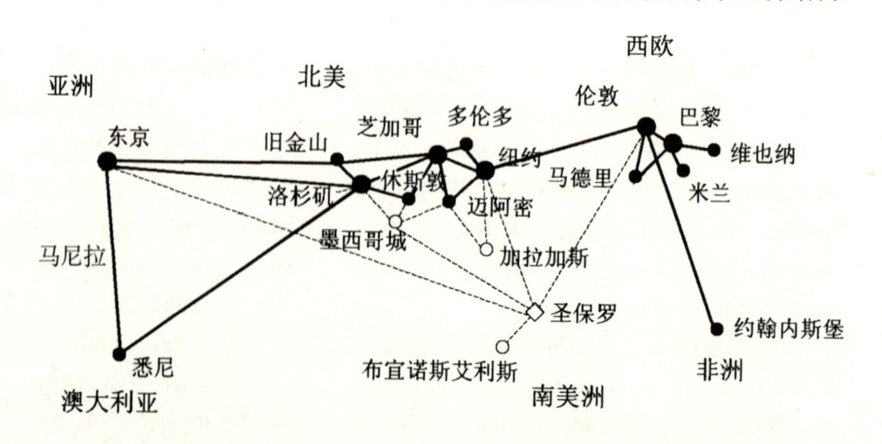

图 1　世界部分城市等级示意图

他认为：世界部分城市的空间明显有三个子结构的独立体系，以东西向的轴将三个子体系结合在一起，世界部分都市阶层图很明显形成线状网络。

三个子体系其1为以东京、新加坡为基轴亚洲子体系，新加坡是代表东南亚地域的中心大都市，第二子体系以纽约、芝加哥和洛杉矶三个一次性都市为基础的美国子体系，也包括了墨西哥城等地区，第三个子体系是欧洲子体系，以伦敦、巴黎和沿莱茵河轴自荷兰至苏黎世的地域，也包括了南美诸国（研究者仅列出部分城市——作者注）。

（三）每个世界都市均具备世界经济的中枢管理功能

这一功能直接影响到城市生产和雇佣部门结构，这是假说的第三论点，认为影响世界城市成长的“主导力”是由少数急速发达的经济部门的作用，如跨国大企业本社、国际金融、全球规模的运输、通讯、顾问、会计、法律等高级法人服务业等。这些部门要集中于“世界都市”，对世界经济起到中枢管理的功能，“世界都市”具有次要功能是观念的浸透力和管理能力。他认为纽约、洛杉矶、伦敦、巴黎和东京这些巨大都市都具有情报和报道、娱乐和产生作为发信基地高次中心能力。

对如何理解直接影响到其生产和雇佣部的结构概念，J. 福里德曼解释为，“世界都市”影响到职业构成特征是导致出现分极化的劳动实态，从事高效率管理职务的享受阶层和为其服务的低次劳动者阶层的分极化现象。

如为特权阶层提供劳动、观光和娱乐业等低层次劳动者及其预备军。在半周边区急速增大的以农村人口为背景的大量无技能的劳动者为生计向自国世界城市移民。由于现代都市各部门的吸收这些劳动者的职务能力相对不大，因而产生大量非正式的就业部门吸引这些劳动者。

（四）世界城市是实现国际资本的集中空间的中心舞台

J. 福里德曼说，第一命题不解自明，但他又举东京为例，认为东京确实是日本的作为跨国企业的重要管理中枢，但又由于日本奉行独自的企业贯用政策，在东京既有外国资本的大规模投资活动，也有使外国资本受到限制的一面。

关于国际资本集中的空间舞台是对中核诸国而言。对半周边地区，由于自1993年以来的经济危机，造成大量国际债务，又面临长期的世界经济不景气局面，这些国家重要力量放于回避经济危机，在高利率的国际资本介入情况下，甚至有时用达35%的资本返还债务，不可能形成资本积蓄舞台。

（五）世界都市是大多数国内和国际移民的到达目的地

移民分为国际和国内两种，两者都主要移向第一次中心都市，在半周边的世界都市重要为国内移民。关于移民，J. 福里德曼谈到，中心域地区的国家对国外移民都采取限制的方针，其中的日本和新加坡法制对外国人禁止入籍，西欧诸国也限制外国人劳动者，对于合法和非合法的移民实行开放政策的国家几乎不存在。半周边地区曾试图使移民移动缓和，但效果不大，因而，人口增长一直超过都市的经济成长率。

（六）通过世界都市的形成，产业资本主义的重要矛盾点反映为“阶层分极化”。

J. 福里德曼指出，都市空间阶层分极化有三个层次：

第一是在世界范围，处于世界资本主义的中枢位置，掌握周围经济圈的经济持权者与周围的分极化。第二层次是地域性的，特别在半周边国家显著，如在中心诸国地域间职工收入差一般超过3倍较少，但是在半周边地区收入差有不少超过10倍。第三层次为大都市地域，出现在空间方面被隔离的贫民区、不合法的住宅区等，J. 福里德曼指出这些空间的分极化的根底在于阶段的分极化，在世界都市这种阶层的分极化有三个重要的侧面，领导层和不熟练劳动者之间横差巨大所得差，这种差别随着农村或国外来的大量移民，反映在职业和收入方面。从据统计，在半周边诸国占40%的家庭通常收入只占经济总体的15%，在中心地域也有同样情况，如洛杉矶、纽约，大量的移民收入处于低水平。

J. 福里德曼分析了纽约和洛杉矶的职业构成后（图2），得出以下结论：从事高收入的管理、技术服务等部门（金融交流、计算机、保险、会计、广告）的职业，以白人男性为多，而从事低收入工作者多为女性及外国移民。

（七）世界都市的成长经常需要国家财政能力之上的社会费用

由于向世界都市急速流入国内外移民需要大规模地建造住宅、教育、保险、交通设施等，这些需要常超出本国经济能力，

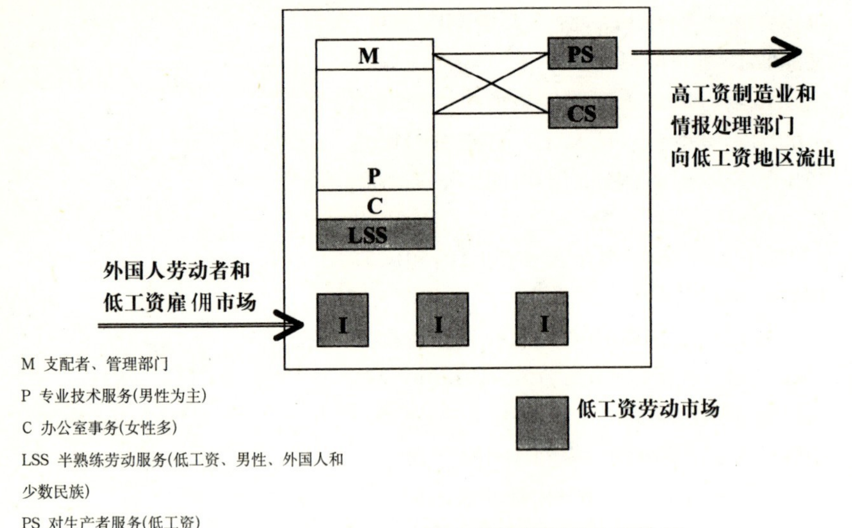

图2 组约的职务分配情况

通常得不到良好解决。

提出著名“全球城市”论点的沙逊又针对纽约的实际状况变化作了“全球化管理能力和生产”的研究，她得到二点结论：① 现在进行的经济变革典型表现在管理职能的进展，伴随着管理职能的进展制造了大量低收入劳动机会。② 这种新的空间和经济致使中上等职业位置减少，因而遮断了移民取得中上收入地位的职业的可能，致使社会利害关系分极化和潜在的社会纷争的矛盾尖端化。

二、“假说”的部分论证

（一）在世界都市假说提出十年后的研讨会上，J. 福里德曼又发表了论文，认为假说得到认可共有五方面：

1. 世界都市起到将地域、国家、国际各范围的分部经济向世界经济体系中分节或连接作用，因此，可确认世界都市在世界的经济体系而担当着组织上的结点作用。

2. 世界的资本蓄积空间并不涉及世界全体。世界大部分的地域和其居民，实质上被排除在世界资本空间之外，生活在勉强支持生存的经济中。

3. 所谓世界都市是实现高级的社会经济相互行为的大规模都市空间。

4. 世界都市按功能可分为阶层，通过各阶层使世界的资本蓄积体系得到分节和连接，世界都市秩序等级的最终决定取决于这一城市吸引世界投资的能力。

5. 世界都市阶层的管理主体是跨国资本家这样的特殊阶级。其作用在于可熟练顺利地运营世界规模的资本积蓄体系，其特征可以说是无国籍的消费主义者，这类跨国阶级引发了不少与原地域的阶级间各种纷争事例。

（二）对“世界都市假说”的文脉的论证

瑙科斯论述了“世界都市”论点产生的文脉。他指出，世界经济全球化可以从任何摆在超市的货架上的货品牌子上反映出来（产地、制作和出售处标签），他认为经济的全球化带来世界都市概念。

1. 关于全球经济的启动时间

20 世纪 70 ~ 80 年代可认为经济从国际化向全球化转换期，在国际化的经济阶段，虽然有国际经济交易，但交易的主权是在国家的严密规制之下进行的，到达全球化经济阶段，资本等已可直接越境慢慢地不受国家限制，而由跨国的全球企业的网络指示直接进行生产交易。

2. 全球化经济产生的启动者

他认为，随着汽车的产生，工业和钢铁业实际起到全球化经济的先导作用，这些产业已进行了几十年的企业合并、人员交流、专利互换、生产提携、资本加入等经济活动。这些企业脱离了第一代所奉行的大规模垂直统一的福特理论，推进网络化，推进“规模缩小化”，采用可变的国际经济活动的新图式及最新技术装备，如远程通讯等，伸缩性的生产体系将日本式的“招牌式方式企业”引进企业。

3. 造成产业全球化的原因是金融全球化，引起金融的全球化有三个因素：

（1）欧洲美元市场的成长和各国外汇交易的增加。

(2)跨国银行和多国投资公司的出现，使全球投资部门的成长，资本和证券市场全球 24 小时营业时代的到来。

(3)由世界银行等国际金融机构助长，各国政府增大对外投资关心，金融全球化使跨国企业的合并、回收所需的庞大资金调动成为可能，致使产业的全球化成为可能。金融寡头制是全球化的另一个重要反映。

（三）关于“世界经济岛”及“三极技术国家主义”（Technonationlism）

世界都市是跨国企业本社及其业务服务、国际金融、国际机构、远程通讯和情报处理的中心，支持产业的全球化形成了相互依存的金融文化的基点及支配中心。现代形成的新的世界秩序，与冷战时代的旧政治家所想像的很不同，更重要是在技术方面，都市－地域形成了高技术列岛，即以高技术支撑的“世界列岛”。

在现代世界经济中“世界列岛”的基本代表是欧洲、美国、日本。三者在世界体系内形成了三个重要经济中心，掌握了

7至8亿的消费者，确保了其商业的绝对优势，索尼的盛田昭夫称之为“全球化式的地方化”，经营战略家大前研一称之为“全球化的战略”。因而，“世界都市列岛”不仅是最重要的资本蓄积地，而且占有重要的管理中枢、金融、研究开发、业务服务、情报处理等中心。利用跨国企业的重点战略及伸缩性战术，市场的改革，劳动市场制和利用营利性高的远程通讯和助成科学技术的重点项目，也受到本国中央政府的支持，形成三极技术国家主义（欧洲、美国、日本）。

(四)世界都市——权能中心

产业的国际化和远程通讯技术的出现更促使世界都市作为权能中心。

纽约、伦敦、东京都具有高度的经济、政治、文化的“高次场”作用，但研究者认为，东京有些不同，东京作为世界都市的重要性主要反映在经济上。研究者们根据1993年统计，跨国公司本部及NGO（非政府组织）、IGO（政府组织）的所在地分析出了纽约、伦敦、东京的不同。在NGO＋IGO等共500家中，设置在布鲁塞尔最为接近500，其次为巴黎、伦敦为>250，纽约<100，东京最低，而城市人口东京最多。

（五）世界都市的社会结构

1、全球的城市体系，是将城市体系网络化而分析其相互依存性。

2、地域的交界面（Interface）关系指世界城市和中心，半周边和周边地区形成的接续关系。

3、世界都市的非场所性，有的论文提出世界都市的规模已进入可由“电脑空间”来测定时代，因情报的流动空间导致都市空间改变。金融、经济、文化、智能交流的都市空间都扩大。三极中心的世界体系中其地理范围已不受本地限制，可支配下位经济空间很多场所，范围更加扩大涉及全球。非场所性是世界都市的很大特征。

4、大都市尺度（层次），在本国内部为适应世界都市功能要求，将大都市功能变化以适应全球劳动市场，社会的网络造成各大都市有相互依存性。

（六）世界都市中的“集中性”和“中心性”

沙逊认为，作为全球化和服务化的节点，都市的尺度层次的变化，反映在新的都市核金融中心方面。20世纪80年代初期在世界经济中产生出新型都市中心具有新的作用。原因之一为经济活动的全球化急速进展，加速交易的大规模化和复杂化，国际大企业本社的功能扩大，为先进企业服务成长。其二，在产业中，金融服务的生产业范围增大，都市成为面向企业的服务业，导致国内都市体系存在着国内、地域、全国世界的市场。都市服务业的中心因金融服务产生了新的都市经济核，这种都市经济核取代了过去制造业发展产生的核心地域，巨大的国际贸易中心在都市中使新的都市经济核的规模和权限利益水平突进。即使在都市中已有的金融中心，也因金融贸易结构的变化产生了变化，金融服务部门的规模和比重在20世纪70年代后半叶急增，新的金融服务业的国际金融突进，产生了新的经济体制，即这种金融部门在都市经济中只占一部分，而在更广泛的范围内产生影响。值得注意的是：金融部门获得巨额的利润，而制造业都营利衰退，为什么制造业不能获得如金融业那样大的利润？是因都市经济价格变化所致，全球化和全球化市场发达，要求国际经济部门急速扩大建立新的价格体系，即各种经济活动随商品价值的价格决定，这就会影响都市的其他部门，如国际部门附属的一流餐饮、旅游价格很高，其他则会利益下降甚至关闭，为高收入者服务的服装店、餐厅等将代替近处的小店铺等。

这种情况在20世纪80年代在发展中国家也出现，如在圣保罗、曼谷等也出现新的都市经济核，是由于金融走向世界市场，向外国投资及开放市场，也产生了新的都市核（新的金融中心）。

在1969年～1989年间，纽约制造业就业者减少37%，1971～1989年，英国制造业就业者减少32%，在伦敦地域减少了47%，都是由于都市金融服务业急速成长所致（表2）。

（七）新生产综合体的形成

生产服务业依赖于最先进的情报技术，生产服务要求综合性，技术服务增大，综合性为其特征。沙逊指出，以现阶段的技术来看，在综合服务情况下，要将最先进的远程通讯和近处可直接接触的服务结合起来，服务要相对集中，可使服务快捷。因而，在大都市的生产服务集中形成了生产综合体，综合体需要与企业所在地密接，也有些服务业可移出。但近年来仍有靠近大都市倾向，特别是集中于国际贸易中心地区。现在，世界上重要金融中心由于在全球经济作用增大，国际交易大幅增加，使集中性新生产综合体这种倾向更强。如银行向外的融资额1980年为1.89兆美元，至1992年增至6.24兆美元，10年增3.5倍。从统辖银行活动的主要国际机关统计的数据看（the Bank of International self lemenf），三个都市（纽约、伦敦、东京）占1980年全海外融资额的42%，1991年为41%（日本由6.2%增至15.1%，英国则由26.2%降至16.3%，美国如旧，如果再加上瑞士，法国，卢森堡，1991年这些都市占全球融资额的64%）。

30个世界部分都市在世界经济空间的地位　表2

1	世界的金融中心
	伦敦（兼国家的重要经济城市）
	纽约
	东京（兼东西地域多元国家首位）
2	多元国家的中心
	迈阿密（拉丁美洲）
	洛杉矶（太平洋地区）
	法兰克福（西欧）
	阿姆斯特丹
	新加坡（东南亚）
3	重要国家的中心（1989 GDP 超过24亿美元）
	# 巴黎★ B
	# 苏黎世 C
	马德里★ C
	墨西哥城★ A
	圣保罗 A
	# 悉尼 B
4	国内／地域内的中心
	大阪·神户（关西地区）B
	# 旧金山 C
	# 西雅图 C
	# 休斯敦 C
	# 芝加哥 B
	# 波士顿 C
	# 曼谷 C
	# 多伦多 C
	蒙特利尔 C
	香港（珠江三角洲）B
	# 米兰 C
	里昂 C
	巴塞罗那 C

人口（20世纪80年代）

A　1000万～2000万

B　500万～1000万

C　100万～500万

★　首都

#　主要移民流入城市

（八）新的金融活动造成新的生产服务综合体产生

近来，城市中心区和CBD之间的空间和中心性的意义已不能将其与过去的CBD简单等同起来。经济的中心空间有几种形态，如有纽约式的中心CBD，也有法兰克福式的由经济活动节点拼成棋盘状的形式。

沙逊1991年提出由于“情报高速道路”式的经济交易，“超地域形的中心已形成”，“在纽约、伦敦、东京形成了超地域性的复合型产业活动中心，即所谓的电子空间”，如外币兑换市场已由电脑之间进行业务交易。

沙逊认为经济活动中心有三种模式。第一种，是建在都心部高密度办公楼，如曼谷、圣保罗、墨西哥城等，80年代末的布宜诺斯艾利斯，也属这种方式。第二种形式，是都市中心在大都市圈中形成的商业开发和经贸活动的高密度节点，与在郊外办公和复合体或边缘域（edge cities）、周边核（CEXOPOLES）等网络连接的各种形态，如设在都心外缘以最尖端的通讯手段与都心密接，这种形式以都心化和新地区节点的建设结合。

“集中”已由于经济活动的全球化和国际交易的增大。由技术发展而有了新的可能。但集中对服务业等来说，在主导产业部门依然是重要的特征。产业的生产过程是引起集中的第一要素，交流设施又是大都市集中的第二要素。其中的空间形成是多种多样的，中心出现了新的地域也就是以先进的运输通讯将结合成大都市图的网络。这种网络与20年前时兴的郊外化不同，具有新的形态，新的空间。

研究者们根据大量统计数据对纽约进行了研究，认为在纽约集中了跨国大企业、金融机关，技术服务是全美第一，纽约人口是全美第一，各项经济指标也是全美第一。因此，肯定了纽约在世界都市中所居的位置。

（本文为国家自然科学基金资助研究项目）

傅克诚，上海大学教授，东京大学工学博士

可持续发展与“新”的社区和城市概念

沈克宁

建筑和城市设计的新思想和新概念通常是与进行社会改革紧密相连的。在现代建筑的历史中，柯布西耶甚至将建筑与社会革命联系起来；柯布西耶所提出的城市设计概念“明日之城市”和赖特提出的新城市设想“广亩城”，以及更早些由霍华德提出的“田园城市”和更晚些由英国的建筑电讯团提出的各种城市设想，如“插座城市”和“行走城市”等都是与社会改革、变革和社会设想同时提出来的。换句话说，就是城市、社区的新设计思想是与社会改革的实践或设想共同进行的。所谓设想便意味着某种“超前性”、“幻想性”和“乌托邦”性质，但由于城市建筑的具体性，这种设想又必需具有一定的实践性。上述有关城市和社会设想的“田园”诗便都具有上述的双重性质。目前所进行的有关可持续发展的建筑、社区和城市设计的讨论更是与人类社会紧密相关，它也有两重性：一是社会的实践性；另一个虽与“前”有关，即“瞻前”性，但它与“幻想”已丝毫没有关系，它所关注的是更为重要的问题：未来的“生存”问题和长远发展的问题。

可持续发展的城市和社区概念考虑诸如土地的使用，城市和郊区扩散，城市生长界限，合理的郊区城镇模型，旧城和城市中心的复苏，城市交通的多样性与社区和城市组织，生态与社区和城市的空间环境，城市的文脉等问题。下面让我们对其中一些与城市设计和建筑设计有关的问题进行讨论和介绍。

1. 多样化的交通概念和城市与社区组织

交通手段对社区组织和城市规划和城市设计的影响很大。在现代社区中，交通是人造环境中的主要因素，它是组织社区和城市的主要框架，对环境质量的影响，无论在视觉、听觉、感觉、安全感等各方面的影响都很大。良好的交通规划布局可产生舒适、安全、方便、省时、节约能源、减少污染和噪声的社区。反之则会产生如同今日美国那种支离破碎、城市质量下降和市中心衰败的城市面貌和现象。因此强调生态的、可持续的、步行的社区和城市的交通组织和城市设计就十分关键。

在今日逐渐开始的后工业文化中，多样性是一个主要的特征，其中交通是衡量它的一个主要指标。交通手段在欧洲相对较为平衡，公共和私人交通并行。日本以高技术手段开发的公共交通则很发达。我国的交通手段在过去主要是公共交通和自行车，其实，这是一种较好的策略，只是公共交通发展还不够健全，交通设施还在健全之中。自行车一直是我国城市私人交通的主要手段，而且是一种很好的手段，它十分符合后工业社会的理想交通模式和手段。不过提倡后工业社会中多样形态的交通工具共同发展，尤其是提倡大力发展公共交通的人们，大多是来自交通已十分发达、私人汽车占绝对主导地位的发达国家。我国尚不具备所谓后工业社会的标准，但借鉴发达国家发展过程中出现的问题和应该吸取的教训还是十分有必要的。目前在我国汽车工业已经较为发达，汽车作为私人交通工具得到很大发展，交通设施建设发展更是迅速，对过去的薄弱环节进行了改善，从而为形成未来合理健康交通多样化的格局打下了基础。但是有一条应该得到注意，那就是私人汽车这种交通工具的发展应该是有控制、有规划、有限度的，因为各种交通工具的多样化并达到一种平衡是十分重要的。如果作为私人汽车交通工具的汽车发展成美国那种模式，即私人汽车成为单一和主导的交通工具，那么就会给城市和环境带来一系列的问题。最明显的就是巨大的能源消耗和相应的空气污染。此外，为满足日益增加的汽车的交通需要，必然带来严重的交通问题，从而导致政府大量的公路投资，扩展道路，新建公路，改变城市模式以适应交通的要求。美国的失败经验就是土地和城市规划反映和强化了该种模式。按照该模式进行发展便导致城市质量下降，城市的规划和布局、形态和模式便完全以车为主，以车为准，城市被割裂，城市的功能、系统和人们的生活环境质量下降。现代美国城市中高速公路成为城市的主导因素，任何要素都要以它为中心，从而形成一种恶性循环。强化的公路系统，使得更多的人使用汽车，导致公路的进一步扩展，从而进一步加大了能源消耗和污染。改变这种不良循环方式，减轻环境污染的方法有如下几种：汽车制造业发展小而轻的汽车，发展节能、使用太阳能和电频为动力的汽车，但最主要的还在于发展以自行车和公共交通为主的多样化的交通方式。与此相适应地形成一种多样化的、生态、可持续的、以人为主的、有机的城市空间和邻里社区。

2. 郊区的规划与城郊社区的设计

可持续发展的城市和建筑研究和环境政策等多重领域的研究，以及目前美国进行的郊区和城市设计的新探索，即“新城市主义”的探索都表明欧美现代郊区设计的概念是一种浪费土地、能源和资源的设计方式，它极度铺展，密度低，建筑的能源消耗量大，用水要从较远的净水厂引进，铺展的污水处理设施，交通设施的负担，交通上所花费的能源和时间等等，总而言之效率很低，而且郊区设计的形式千篇一律，十分单调。后工业社会的郊区将更多地强调场所的特殊性，更多地依赖当地的人力、物力、资源、智力和信息，而不是千篇一律地遵循抽象的标准。

城郊急速扩展是我国目前面临的一个问题。欧美自二战以来大规模地使用现代主义城市规划模式，强调车行道和高速公路，大量使用简洁、单一、标准化的多层和中高层现代建筑。这种情况发展到60年代，导致现代主义城市和建筑综合病症：老城区衰败和死亡，多高层公共住宅区生活质量的下降，犯罪率的大幅度增加。新城和区域的行列式建筑布局，以及死板的建筑造成人们的生活质量下降、精神悒郁。为逃避城市的各种恶疾，人们开始向郊区迁徙，从而住宅向郊区迅速发展。导致郊区宝贵的土地消失和土地质量下降，环境污染，上下班时间的交通拥挤和混乱并导致大量投资用在发展交通公路系统上。

二战结束后的美国，人们需要大量的住房，尤其是国家对从战场上归来的人们有各种住宅和贷款上的优惠，从而导致美国开始在大块未开垦的土地上发展大面积的开发区和住宅区，成千上万的人经历了一个快速创造和生产的大规模环境。而且，政府还鼓励人们大量使用能源，以便使新建成的能源设施能够达到饱和。美国在60年代开始出现城郊急速扩展的情况，由此引发了今日的那种以汽车为中心的生活方式：睡城、郊区购物中心、上班的城市中心、郊区娱乐中心。由此在郊区中形成功能单一的一个个的分散中心，中心相互之间的联系必需使用汽车。在相当一段时间内，这种郊区模式被人们认为是美国理想的完美体现：卫生、健康、安全、方便和优雅。到了目前人们对其看法发生了明显的改变，普遍认为迅速扩展的郊区存在一个严重的问题，因为它从生态、可持续发展的角度讲，是有很多缺陷的。它的低密度使得土地的利用率很低，占用了大面积的可耕地，铺展的形式造成市政设施的投入巨大，各种管线和管道的利用率很低，交通投资和建设费用增加，能源的浪费大幅上长(分散的布局，无法形成可调控的城市气候，加重了供暖和制冷的费用，郊区的生活必然要大量使用私人汽车浪费交通能源)。此外，有限的资金投入城郊，使得资金缺乏，无法更新旧城，使得旧城衰老，从而进一步加速了人口向郊区流动，导致进一步的郊区扩展和漫延，浪费了原有城市的基础设施、结构和社区模式和无法复原的城市用地。

那么，现在如何将旧有的郊区模式加以改变以适应可持续发展的价值观呢?首先将郊区社区中为汽车提供的道路面积和宽度缩小。通常，这些道路都提供双向车道，同时车道两边还有停车道，这样的街道所形成的区域社区感不强。如果将其宽度减小，同时设置减速障碍，那么对社区的形成很有益处。第二要将社区中的街段设计的紧凑、高密度和多样化，高密度使得社区中有足够的人口来支持社区商品，减少能源流失的损耗。认真设计社区主要交通线两旁的商业建筑，提供多样化的商业服务，并使街区中的居民步行前往购物(图1、2)。

新开发区，尤其是新的住宅开发区(例如在报纸上刊登广告公开出售的新住宅区中的住宅，北京以及各地区新开发的众多住宅区)，应该采取以可持续发展的思想和策略来加以开发，因此应该在城市设计、社区和邻里设计和建筑设计上将投资和开发人的经济利益与国家的生态环境和持续发展的长远利益结合起来。西姆凡德罗(Sim Van der Ryn)和彼得·卡斯罗普(Peter Calthorpe)在《新郊区组织》一文中认为可采取的可持续发展策略可以考虑如下几项:

1. 采用比一般标准郊区住宅区密集的规划和设计密度。这样可以减少第一次投资额，而且更重要的是可以减少今后长期使用费用和能耗。此外，可以改变那种低密度而没有形成城市生活的郊区和过于拥挤的城市的各种弊端;

2. 将与日常生活息息相关的商店和服务设施设置在最为方便居民的位置，从而减少使用时间和空间，减少能耗和对汽车的依赖;

3. 在社区内提供就业机会;

4. 采用高效和节能建筑策略;

5. 创造鼓励社区之间人际交往，从而减少犯罪率，建立老少有助的社会环境;

6. 在社区内部进行能源和食品生产;

7. 回收和重复利用水和废品;

8. 将社区设计与交通系统结合起来，形成一种平衡。

他们认为在旧有的大都市区内，要利用那些没有使用或没有充分使用的空白点，而不要在现有的基础设施之外的新场地建立新区。在现有的郊区组织中嵌入高密度、多重功能的社区“点”和“结”不仅可以减小进一步郊区扩展的压力，而且可以帮助重组“点”和“结”周围的邻里(图 3)。

他们进一步认为村落在一定程度上体现了生态和可持续发展的思想，它与现代社会中产生的各种郊区中心不同。村落表现了一种有机社会的现象，因为村庄的主题在于其社会与生产和土地直接相连。村落的大小通常由村民一般所能达到的村庄周围最远距离所决定。村庄好似一个有机体，它有机地生长，自给自足。

在现代村庄概念中生态和可持续性成为主要的考查范围。在马林太阳能村的设计中，他们试图尽量包括对这些内容的设计，在这件设计中 80% 的室内和热水的加温可直接由太阳能解决，30% 的食物由当地生产，50% 的用水是通过采集雨水和重新利用而达到的。

卡斯罗普等人设计的马林村(“村”的概念不同于郊区和睡城或一般意义上的小区概念，因为小区是一个工作之外休息和生活的社区，其概念与睡城相近，但中国的小区中通常包括十分完善的服务设施，

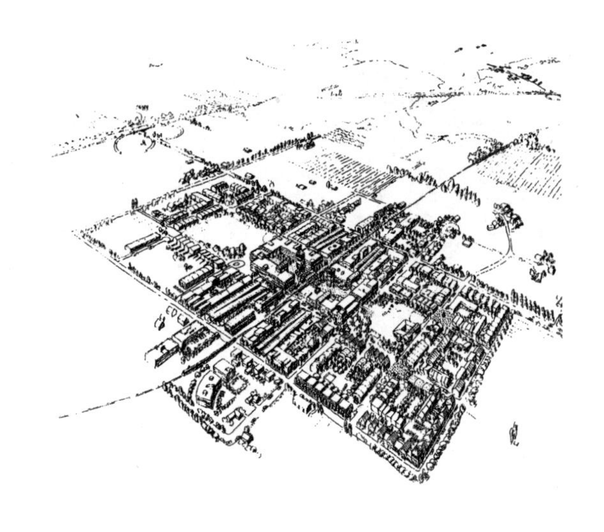

图1　新郊区城镇模式多样化的建筑类型和社区空间，集中和较高密度的城镇规划与周围的农田结合在一起(卡斯罗普之设想)

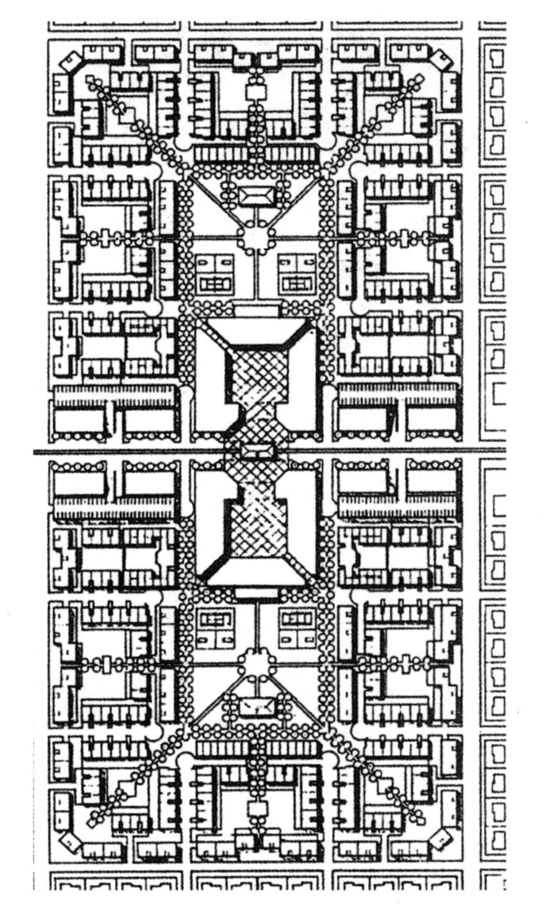

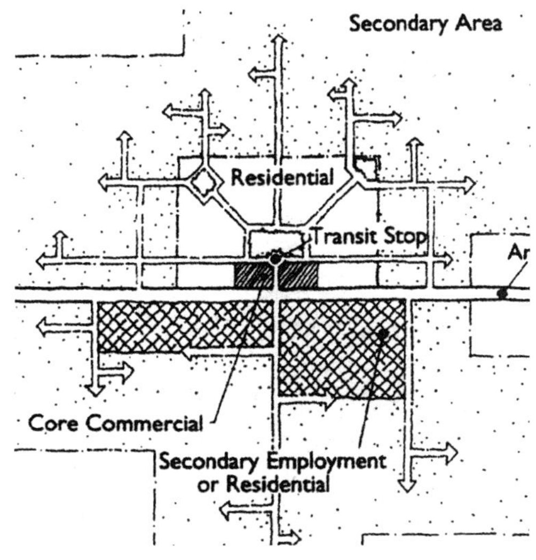

图2　卡斯罗普设计的多功能社区强调社区内的多样化和网络系统(上图)，该模式还可以用在城市新城镇设计和区域发展规划策略上。

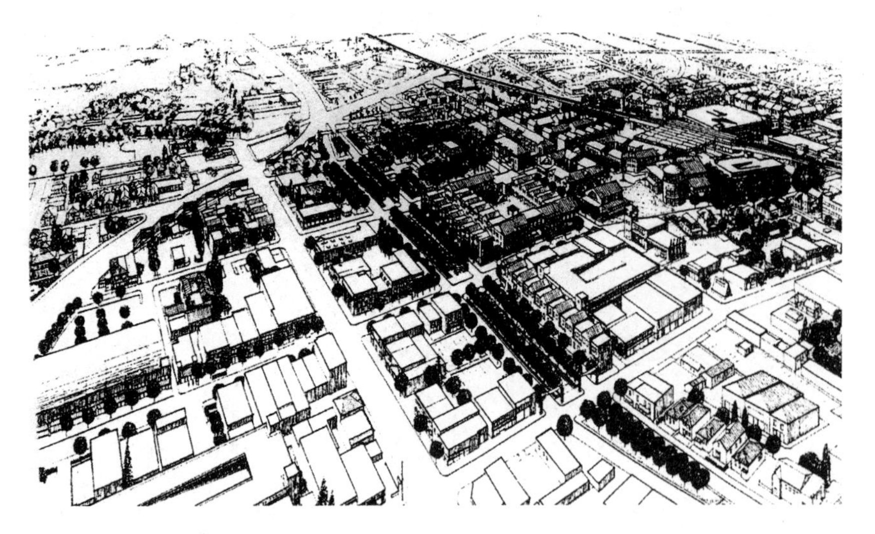

图3　使用增高城镇中心密度，将旧市政中心与新捷运系统车站通过商业街联系起来的方法来改进无特色、低密度(车场，轻工业区和废弃的城市用地)的郊区城镇(所罗门之方案)

这大概与我国的小区人口较多，故而规模同城市相近有关，村还包括工作场所和社区服务设施)的设计包括十年间建成分散在五个邻里中的1900户住宅。每户都面向南并有自己的花园和平台。在每个邻里(社区)中，街道的设计都不是贯通的，每个社区邻里都是由路所围绕的，在社区之间则有步行街和自行车道加以联通。整个村庄(小区)中有轻工业、商业和住宅，并有25亩的土地用于农业和能源生产，另有20亩社区公园和锻炼场所。在村中还有太阳能水化(Solar Aquacell)系统的污水处理系统和固态费物和污物的处理设施同时包括沼气收集装置。在村中还有电频小公共汽车每隔15分钟通行于主要的设施，如就业中心、公共交通中心和学校之间。而且，小区中两点间的最远距离不超过1.6km²，从而可以减少汽车的使用量，鼓励步行和自行车的使用。雨水通过表面集水系统(包括屋面、街道、车场以及任何非渗水的建筑、市政和环境表面系统)和洪水下水系统(与污水下水系统分立)结合起来将雨水引入存贮库中，以便用作夏日浇灌之用。西姆凡德罗和卡斯罗普认为如果一个社区是按照该规划和设计模型进行的，那么综合能源(建筑、交通、服务和食品系统的综合考虑)的使用量将会减少45%。而上述项目的能源使用量在目前约占马林县总能耗的90%，因此，如果采用合理的生态、可持续发展的建筑和城市规划设计策略，在基本不改变人们的生活方式和增加额外费用的情况下，便可显著地减少能源的使用量。

在马林地区最大的能源消耗来自交通，大约占总能源费用的50%以上，采用上述的可持续发展策略的规划和设计可将总能源费用减少40%左右。主要是将生活与工作结合起来，将两者之间的距离缩短，生活与工作便结合在一个社区中，从而至少可以减少25%的长距离交通能源。

按照常规发展模式开发的建筑和社区的能耗费用大约是马林地区总能源费用的132%。计算机的大量运算表明采用太阳能概念和手段进行的设计可以节省大约80%的能耗费用。按照他们设计的马林方案，剩下的能源可以采用来自小区中为生产燃料所保留的土地上通过合理的人造和自然森林管理政策生产的燃料用材，同时森林保障了整个小区的环境。此外可利用上面所述的沼气来作为热水和厨房用能源。

但是家庭用电的障碍比较大，因为气候、费用和空间的限制使得在小区或中小规模的社区的太阳能光电和风力发电不大可能实现。

另外，城市和社区果园和园林不仅有观赏价值而且有经济和生态、可持续发展的价值。他们估计30%社区人们所消费的水果和蔬菜可以利用社区和城市内的土地和空间来种植。

3. 郊区的城市发展模型

当代城市设计者认为可以从前现代的城市和建筑中学到很多有益的经验。但是郊区设计是二战以来出现的新任务、新对象。在现代主义阶段，郊区的设计与规划基本上是规划师的范畴，建筑师很少有机会设计郊区，但这种情况在美国已经有所改变。过去在郊区沿街道路两旁，大块划分地产上设计的独立住宅通常是由市场和区域规划决定的，因此任何根本的改变都是不可能的。但是典型的郊区土地划分越来越不能适应如今的时代了。地产价格急速升高，交通阻塞越来越严重，以及越来越少的人们能负担的起郊区住房，都要求转变过去的标准模型。面对这些变化的要求，建筑师逐渐开始试图寻找新的模式，所谓“新城市主义”就是这种试图寻找新模式的建筑师的一种尝试，他们试图根据传统的小镇模式来重新设计郊区发展模式。

这种新郊区发展模式结合了目前的社会和环境考虑，如减少机动车使用量，鼓励使用公共交通、更为多样、复杂和混合的住宅，尊重自然环境和具有历史特征的场所和传统市镇的许多特征：如宜人的尺度、蜿蜒的街道、明确界定的公共空间、多样的住宅类型、在步行距离内的多用功能中心。除了这些尊重地方文脉的措施，还应注意到这些新城镇具有某种相同的物理特征(图4～7)。它们都具有矩形或放射状的街道网络，从而避免了目前郊区那种不经济的分支状街道系统。住宅的布置更为紧凑并面向街道布置，避免了今日大多数规划发展的那种浪费土地和将人隔离的做法。所有规划的公共空间(通常是商业区和公共交通中转站)都位于每户住宅的步行距离内，从而减少了人们对汽车的依赖。这种新镇为发展商提供了如下的好处：高密度的住宅，较短的上下水、电、气等公用设施，以及重要的销售形象。这种新镇设计方法为住户提供了更多的公共空间和公共设施，为住户提供了一种更充分的社区感，同时这种设计方法没有使住户的费用增加太多而负担不起，因此为住户提供了一种并不是十分昂贵的生活方式。1993～1994年发表在《营造商》杂志上的调查结果显示72%住在新区中的住户为了能住在同样的居住区中多付了佣金，而84%如今住在那里的人们表明如果再做一次选择，他们仍然会做同样的选择。

新城市主义的实践也获得最易持怀疑态度的建筑师们的响应，自丹尼(Duany)和普蕾特—茨伯格(Plater Zyberk)设计的滨海城(Seaside)(图8)获得了1984年《进步建筑》奖后，现在《进步建筑》奖最多的参选作品就是城市设计类，城市设计类已成为《进步建筑》奖中起主导地位的领域。同时评奖委员对授予的城市设计获奖作品越来越有共识，而在建筑领域则依然是争论不休。

新城市主义的城市设计虽然获得了很大的成功，而且专业同行们也纷纷响应这个运动，但也遭到批评。最强烈的批评是1993年初由(安尼社)社团在纽约古根海姆博物馆举办的题为“滨海城和真实的世界，有关美国城市主义的辩论”的讨论。对新城市主义的批评有两种，一种认为它是一种对现代世界的天真逃避，这以艾森曼为首。另一种认为它使得社会、经济和种族分化永久化。地理学家西蒙(Neil Smith)说滨海城扩大了“那种沿阶级、种族和性别划分的物质隔离，这种隔离使得那种沉浸在城市化的郊区解决城市问题的幻想成为可能。”

但是，丹尼和普蕾特—茨伯格认为城市设计的运动不能仅依靠滨海城这个渡假镇来进行评价，而应该依据他们后来，以及其它事务所在内城和城市中心所作的方案和工程来评判。评论员乔拉多(安尼社)认为反对新城市主义的人们自己并没有提出有效可行的替代方法，因此与被批评的人们一样有责任。

1993～1995年之间，新城市协会共举行了四次会议，内容包括讨论会和设计工作室研讨，从早8点到晚10点。会议简报认为改革美国城市主义的运动正在广泛展开，新城市主义亦将获得成功。批评的人们则认为这场运动中有很多“浅薄的模仿”，这种方案的商业成功是按照市场目标的虚假模仿的原则而来的。其结果是公众现在可以购买“村庄”风格的或“社团邻里”型的传统郊区，而这种风格就是新闻界所称的“新运动”。但是这里面有很强的

图4 公交枢纽与零售商店、社区服务中心、社区主街和办公区室外空间结合在一起形成具有活力的社区中心，同时控制车辆的使用(卡斯罗普方案)

图5 火车站、城市广场和公共空间(马克·麦克作品)

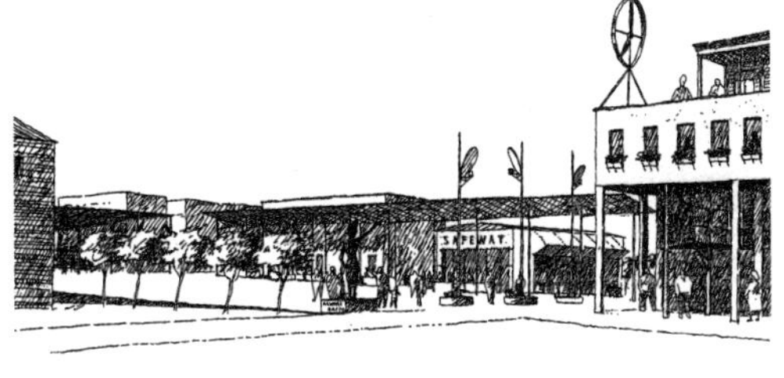

图6 火车站、城市广场、商业结合成有机的城市空间(马克·麦克作品)

图7 所罗门设计的旧金山住宅和城市空间

现存状况图示

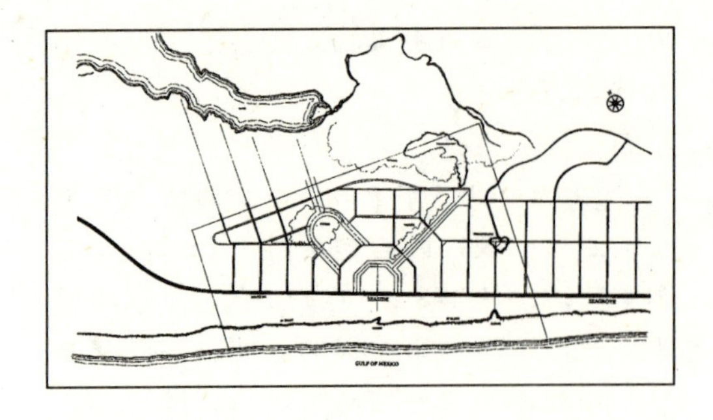

公共建筑分布

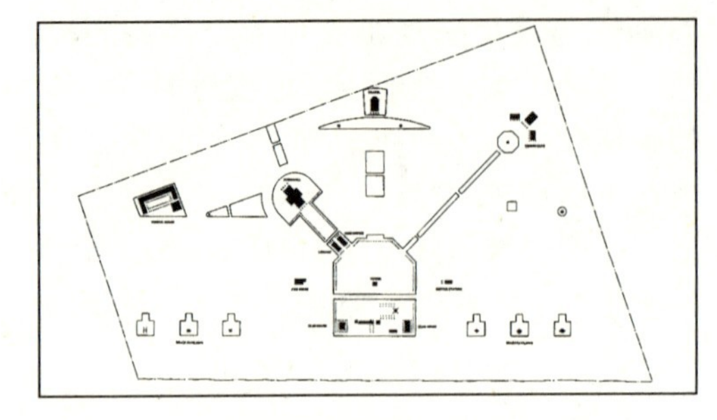

私人建筑分布

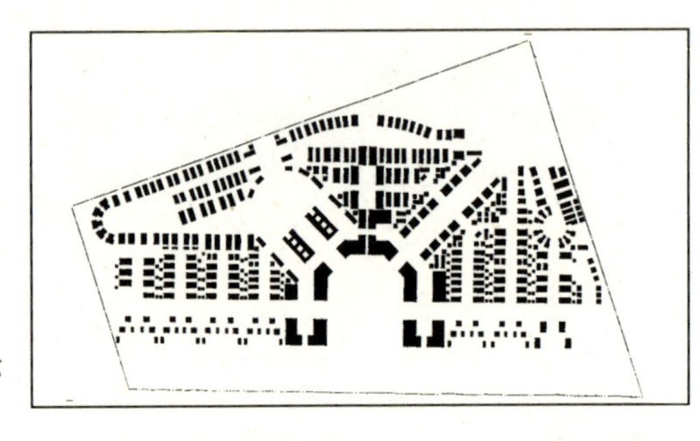

图 8　滨海城图示(建筑和空间分布)

商业气味，即拉斯维加斯气味，我们现在不需要“向拉斯维加斯学习”。

新城市协会的成员十分广泛，包括政府官员、经济学家、开发商、律师、历史学家、建筑师和城市设计师，由此可见新城市主义的城市设计不仅是建筑师设计自己希望住在其中的社区，而是一种更为广泛的运动。但是反对者，如艾森曼认为这个运动不过是个浪漫的幻想并且是反动、反潮流的。那些在安尼社(Anyone)辩论会中反对滨海城的人们不认为城市改革和社会变革可以通过设计来达到。艾森曼认为：“凡认为建筑可以医治、改善和补救任何东西的思想都是错误的。”然而，持稳健和保守观点的人们则认为城市改革是需要的，社会变革也是可能的，丹尼说：“设计确实影响人们的行为”。这似乎表明现代主义信念的一种分裂，形式主义者如艾森曼反对现代主义那种相信社会改革的信念，而改革者如丹尼则远离了现代主义对进行审美(学)实验的信仰。这种分裂的原因之一是新城市的形式，这种城市的形式是根据城市设计的古典模式而来的，它有轴线的建筑布局、街道网格、放射状的大街。斯卡利(Vincen Scully)认为实际上有两种郊区设计方法，一种是浪漫风的，它有蜿蜒曲折的街道、大块的地产、大面积的草坪。另一种是古典风的，它有街道网络、较小的地产、以及如画的公共空间。二战后的现代主义中浪漫风的设计站主导地位。而在目前古典模式适合新城市设计，因为它提供了一种反对模式。新城市主义者采用古典模式作为反对整个浪漫传统的武器，尤其是反抗那种虚无的个人主义(在今日表现为建筑先锋派)的一个武器。虚无的个人主义似乎向来是现代主义的一部分，它导致许多建筑师不相信采取任何进行社会改革和社会进步的尝试和企图。新城市主义则继承了现代主义运动中的理想主义成分，他们设计的城镇在形式上虽然不象现代主义的，但是其后面的动力，即改善工作和生活条件，提供有生命力的公共场所、通过物质手段来创造社区，却是与 CIAM 的信念一致的。

这些新镇的古典设计反映了对启蒙时代的设计原则的信仰，这些原则注重民主参与、理性和法律，故而新城市主义极为重视社区、工作议会(working congress指社区各种团体参与的与设计相关的会议和讨论)和设计法规。而现代虚无主义通常不相信这些原则，认为它过于天真。因此目前这个“古典主义”不是有关建筑风格的，而是有关进步、开明的社会和政治观点的。

新城市主义的眼光实际上比他们自己所认识的还要进步。例如他们为社区写的社区设计法规，通常避免使用法律的词句以及目前使用的分区法规(zoning codes)，而代之以简明易懂的词汇，例如：“应该平衡步行(街)和汽车(道)……街道应该有适当的宽度，……应有足够的公园。”这些词汇均不是典型的城市区划办公室的人员能够轻易执行的。它似乎已事先设定存在着一种长期居民居住的稳定社区，居民对什么是“适当”这个词有着共识。该法规似乎还设定社区对私人土地和建筑的外貌有法律的控制。

现代主义的郊区设计在提倡消费这点上是十分有效的，人们使用汽车从而得以很容易地到达郊区商业中心。而不是高效率的购物者，如穷人因为没有车和钱从而无法租和购买郊区住宅，生活在郊区。因而现代主义的郊区设计导致阶级和种族分离，白人和有钱人住在郊区。穷人和有色人种则住在市中心。

新城市设计将注意力集中在社区上而非消费的效率上。它鼓励步行和使用公共交通到商店而不鼓励驾车。但是一些开发商认为人们不会放弃汽车或接受认何形式的对交通自由的限制。实际情况并非如此，因为随着通过“家庭购物”目录、电视、计算机和电话，人们脱离汽车的机会越来越多。随信息社会的迅速发展，生产和生活都越来越不需要依靠人与人和人与物之间在物理上的接近。人们可以因计算机网络而自由地生活在他们所希望居住的地方。随着这种自由越来越广泛，一个场所的生活质量而非它的地点和方便程度就将成为人们选择居住(住处)场所的主要标准。因此新城镇所提供的并非仅仅是一种新的郊区发展方式，而且形成了一种新的社会和郊区结构。新城镇设计所提供的最重要的一点并不在于提供一种建筑风格，而在于提供了一种高质量的生活。那种认为新城市主义只不过是回到过去的观点并没有看到问题的本质。新城镇也许在表面上看去是旧风格的，但它却是为即将到来的由电子信息驱动的全球经济的最好的城市模式。

4. 紧凑的区域规划的重要性

城市的扩展不仅有单纯的城市自身的向外发展，郊区的发展、边缘城市、城市村庄、技术型郊区的出现都造成了城市向郊区的蔓延。上面这几种郊区发展形态将欧美，尤其是美国城市和郊区改变的面目全非，无法识别。过去在城市中发生的活动，现在则以十分分散的模式分布在郊区和乡间。而且这种模式已为人们所熟悉，也就是说它们创造了一种新的生活方式。盖儒(Joel Garreau)前些时候发表了《边缘城市:新领域中的生活》(Edge City:Life on the New Frontier)便是对这种重要的经济和生活变化的描述，该书作者注意到由这些新型发展方式促成的城市化形态显得十分随机、片断、没有规则、没有模式、没有整体性。这正是当代城市无规则、无计划、无控制、无限蔓延、无限扩展的一些主要原因和表现形式。在当代，人们用公路作为上下班的交通通道，从早到晚都有交通堵塞。城市间长距离的交通和当地居民使用的交通混杂在一起，全部汇集在高速公路上，从而造成拥挤和不安全的交通。相比之下，传统的城市邻里中，所有的事情都可以用步行完成，自然没有现代城市和郊区中出现的交通问题。今日，在城市和郊区的高速公路“通道”上，从早到晚都有交通堵塞，尤其是上下班和午餐时间。这种现象正是大面积铺展的新城郊发展模式的病态反映。无法行走和穿过的公路及其辅助道路，大面积的停车场，以及由此产生的停车场与建筑占地面积之高比率等都对建筑组团、公共空间和步行道的设计和形成造成严重的妨碍，而且浪费土地和增加基本建设的投资。由于现代主义时代形成的设计原则鼓励使用汽车，为其提供设计和规划上的方便，从而造成了目前在美国作任何事情都要使用汽车，即使是去很近的地点，这使得那种传统的，在城市街道上发生的、各种各样、不经意的遭遇等适于商业的城市中心地带无法存在。更为严重的是大规模铺展的城郊发展模式使得公共交通无能为力。没有了公共交通，就需要更多的土地用以发展停车场以满足私人汽车的需要，导致进一步的城市蔓延和铺展，使得交通更为拥挤，从而造成恶性循环。

贝纳特(Jonathan Barnett)用图表示了这种经常发生的随机的城市化在郊区和乡村的发展方式，以及可以改善的方法。在第一幅图中他试图展示将一座新建的立交桥附近的土地变成一个商业地段，其目的是为路人提供加油站、速食店以及其他商业实施。在第二幅图中表示的是随后一个小型城市的各种组成部分逐渐出现了，如旅馆、商业中心、办公楼和工业实施，其中每一个实施都要对区域划分进行修改，都需要独立申请批准，但是没有人知道最后的区域是什么样的。到最后建成时，已经太晚了。如果发展商和社区知道最后的区域是什么样的，知道他们正在建造几十万平方米的城市发展区域的话，那么就有理由相信他们会同意将发展的规划限制在立交桥附近的靠近原有铁路和现存市镇的那个项限中，从而将新发展和投资与交通和社区联系起来。贝纳特在第三幅图中表现的就是这种设计思想的图示方案，该设想中有一条公路将新发展区与主公路联系起来，在新发展区中有办公楼、旅馆、商业中心、以及附属的有绿化的停车场。

自20世纪以来，美国的城镇规划的概念是认为商业带属于公路两侧的狭窄的带状地段，这种思想来源于美国20年代根据小城镇和郊区的区划条例(zonning ordinances)而来的。那时的区域条例是与当时在小城镇主要商业街上的商业和购物模式相一致的，即主街和街上的有轨电车产生了线性的商业发展模式。人们可以在每个街段上下电车进行购物，这便形成了典型的商业带发展模式。今日商业带发展模式沿公路不断延伸，套用过去的社区发展模式就不再具有意义了，因为它浪费土地、造成不可调和的交通拥挤和冲突。在美国郊区，大多数现有的商业地段是这种沿公路发展的商业带，以及在立交桥附近的点状分区制模式，而且在不断地发展。这些模式占用了太多的土地，但没有提供足够的空间去鼓励紧凑的发展模式，太多的土地被划为商业区以便鼓励投资人进行发展投资，但商业区的广度和深度都不够，仅限制在公路两侧的狭长地带内。这样的模式无法为如同旧城市中心那样的商业中心、办公楼、旅馆等综合体或建筑群提供足够的空间。目前有一种替代模式是沿该带状地段，选择几个地点进行更为集中的发展，同时提供公共停车场和其他长期以来用作城市投资的鼓励政策。此外还应该在公路两侧对那些尚没有开发的区域的区划规则加以改变，使之与周围未开发的土地相一致，从而限制沿公路两侧的随意开发和扩展，并逐渐淘汰那些现存的商业地段，逐渐地对其加以改造，将其转变为多户住宅区域。在该住宅区域内设置公寓和联立住宅，住宅应该面对相邻有绿化的区域，而不要象现代主义规划那样面对公路，以创造视觉和听觉的隔离效应。

控制城市的蔓延和郊区的铺展主要应该从规划紧凑的区域规划来入手，而设计和规划合理紧凑的区域中心等级：大都市城市中心、亚区域中心、小城镇和郊区发展可以有效地节约土地的使用。此外，还可以从一些较为具体的问题入手：如设计紧凑的中心，改变带状规划，发展共用停车位等。

现代主义时期的郊区住宅区根据区域规划法和功能分区法，采用行列式规划，大块的私人土地上沿车道／街道散布着与土地面积相比，住宅占地面积较小的私人独立住宅。这样的住宅区建筑密度很低，相应的人口密度很低，无法为商业活动提供足够的购买力。此外分区法限制在住宅区中设立商业建筑，因此商业建筑不可能得以存在，更不要说形成传统形式的商业街道了。为满足人们的购买需求，现代主义的郊区购物中心就出现了，这是在远离住宅区的郊区某个地点建造商业中心。这种中心由大面积的建筑组成，在室内形成通道联系不同的商店。人们从郊区住宅中驱车至购物中心，钻进中心，消费完毕再钻进汽车，回到家中。人们从而失去了那种自发的、随意的、休闲的、方便的、享受的和有乐趣的在传统的商业街、商业区段和商业中心购物的活动，成为机动的、机械的、疲劳的、工作任务式、浪费能源的、污染环境的购物活动。当然设计紧凑的中心并不意味着完全恢复到20世纪早期市中心的模样，而是从中吸取有益的内容并注入今日的活力，例如可以将一个商业中心设在一个紧凑的、密度较高的住宅区内。丹尼和普蕾特－兹伯格设计的位于佛罗里达的小区，便将一个地区的商业中心和三个百货商店化为周围社区街道的一部分。他们将这三个百货商店设计在小区主要街道的尽端，而将典型的商业中心面对高速公路设计，同时将主要的办公楼设置在社区的中心地点，成为整个综合体的主要标志。

改变带状规划的方法还可以采用欧洲传统的放射状布局。卡斯罗普为加州首府设计的社区，采用将商业建筑集中在社区中心，街道从中心向外放射的街区模式。同时商业中心紧靠交通干线布置，这种布局与现代主义时期的那种分散的与商业带毫无关系的从主要交通干线分支出来的“鱼骨”状的街道模式完全不同。

现代主义时期的郊区商业中心或办公建筑是与社区分离的，因此每个工程都必须在自己的地界内提供足够的车场。但是商业中心的车场很少能停满车辆。通常在一个每100m² 五个车位的商业中心，其建筑和场地比只有0.33，而传统的城市中心的密度则有8、10甚至15。在郊区，一个占地面积为250m² 的八层办公楼，需要十倍的土地面积用作地表停车场。但是在周末和晚上，该停车场却像是个废弃的场所。相反，商业中心的停车场在周末经常是车满为患。再有，旅馆的停车场在白天十分空闲，因此旅馆、商业中心和办公建筑应该共用停车场。如果将上述各类建筑设计的相对紧凑，那么人们就可以将车停在一个地方，步行到其他地方，这样可以大大地节省用地、减少基本建设投资。由此可见紧凑的郊区发展就十分重要。

5. 城市的文脉——可持续社区发展的基因

美国城市设计师彼得卡斯罗普是目前所谓“新城市主义”(New Urbanism)学派在理论和实践领域中的主要人物。他在80年代通过研究加州首府沙可利曼多市的生态可持续发展将其与城市的文脉问题联系起来讨论。他认为过去的城市模式：如多重功能的城市、混合使用的城市(相对于现代社会中的睡城、工厂的生产城市等相对而言的)、积极的步行街道、公共交通系统和公共空间都具有一种生活在高技术环境中的人们所需要的人的尺度。在较老的城市和城镇中，那种紧凑和高效率社区的框架和传统已经存在，不去使用它们不仅浪费材料、能源、对历史不加尊重而且浪费了在历史中积蓄的内容。重新使用它们，我们就不能不面对重新学习在现代主义建筑和规划中所失去的传统和规则。在西方，这种学习的内容包括如何使用自然照明、如何使街道成为一个完美的邻里和社区、如何使特定的建筑形式适应当地的气候等。

在尊重传统的同时还要对其进行修改以便适应当代的需要和知识的发展。例如，今日我们比过去更加了解太阳能技术，从而可以更好地使用它们，今日的住房类型和工作环境与过去也不一样，今日有更新的交通、市政和服务技术。我们面临的是如何将过去的相关和适宜的内容与今日先进的科学技术思想结合起来的问题。虽然城市永远为人们提供各种各样实验和探索的机会和场所，但是必须将城市的文脉、历史、文化和其建筑、邻里和社区的物质形式作为一种生态形式，一种生命体系来对待，要根据它的“生命”历史和生存状态来维护它、保持它、发展它和更新它。如果不如此的话，那么城市，例如现代主义的新城，为人们所提供的将是非常有限和贫乏的。在那样的城市中不仅城市和建筑等环境形式十分贫乏和单调，而且生活的选择空间将是极为可怜的，在那样的环境中人们的生活与具有文脉的城市在丰富的程度上是无法相比的。当然，要改正过去的不适宜的地方，如必须适应今日的生活水准和居住标准，同时保留它的多样性、紧凑性、商业和步行网络。这就是为什么瑞典名建筑师博塔对现代主义的城市理论和实践进行激烈批评的原因，他认为60～70年代大量建造的建筑是反城市的“导致了城市的组织和结构的破坏，它是以城市的历史、城市的记忆为代价的。而这两者对社会是很有价值的。那时单纯追求技术和功能的进步，但丝毫没有改善城市空间的质量。今天，我们必须用更为尖锐的态度来批评现代主义的错误观点，批评它盲目崇拜消费社会和经济发展。我们应该关心那些更有持续性，持久价值的内容。我们应该将精力集中在重建和强化城市价值上。我们只有两条路可走，不是维护城市就是反对城市，没有第三条路可走。”

美国伯克利加州大学城市设计教授所罗门认为城市环境和系统如同森林，一旦破坏便无法恢复。森林被砍伐尽后，森林中的其他生物也无法继续生存，因为整个生态系统遭到破坏，其它生物赖以维生的环境已不复存在。

在不同的文化中所产生的城市形态中，要数美国的城市在可持续发展角度上最没有优势，因为美国的城市发展没有按照欧洲或其他古老文化的传统模式。在美国，前工业社会的城镇不是在长期历史中与土地获得平衡的过程中逐渐衍化而来的，而是根据测量结果来制定的格网。通常它们的分布和位置是由商业来决定的，因此坐落在水边，后来发展到沿铁路线发展。欧洲和亚洲封建社会那种由生态限制(当地资源和农作物限制)的城堡式城市没有在美国出现。因此美国拓荒者的那种城市是以发展，而非稳定为模式的，它与欧洲城市不同，其建造是围绕着迅速获取资源，无论是矿产、木材，还是单一的农作物、野生动植物。这种拓荒者文化产生的城市不大考虑地形，而且没有历史和文化感，具有一种临时的特征。另一方面，这种城市的街道系统提供了足够的城市空间和相应的城市生活和体验。规则的格网与变化的自然地形相对比反到表现了自然的力量和特殊性。

彼得卡斯罗普在他为沙可利曼多市进行的社区和住宅设计中强调建筑单元的构型，首先在临街的一面并不因为防卫和安全的需要而设计的十分封闭。其设计的重点是去强调它的特征和促进社区活动：住宅的入口，向下眺望的阳台、街头社区商品结合起来达到社区的安全。他认为高密度生活环境的一个生态目的就是使得步行生活重新出现，从而减少车辆对能源、土地的需要，减少污染。但是步行和公共交通需要有安全的环境和通道，如果创造出一种社区感，创造出一种共同使用的和积极的公共空间，而不是一种无特点的公共空间，那么便可促进步行，增加密度，减少汽车的使用，从而达到有利生态和达到可持续的目的(图9、10)。步行需要有吸引人的内容，而最有意思内容的莫过于人和商店。当代社区设计和规划中所提出的混合使用型的规划之重要不仅因为它将各种活动聚集在一起，而且将人们的步行与“顺路做”的事情及与邻居见面的机会连接在一起。如果没有这种随机的碰面和当地的商业和活动，那么社区和邻里就不会存在。正是这种个性化的公共空间和人们对公共领域所具有的那种特殊的拥有感，最终将人们所居住的环境从纯粹的商品转化为具有意义和生活气息的社区。当然这里所说的拥有不是指在法律和资产意义上的拥有，而是使用和精神、社会和识别意义上的。因此，建筑和城市领域的工作者就要为人们创造出这种归属感、认同感和拥有感。

任何使社区邻里的环境和生活空间得到改善的措施，任何创造良好的社区和邻里空间的规划设计措施在本质上都为节省财力、物力、资源和能源做出了贡献，从而是创造可持续发展的社区和邻里的最根本手段。这样的社区和邻里由于居住者的满意程度高，而减少了重建、改建和加建的数量，从而是可持续发展的。创造合理、舒适、紧凑和具有生活气息的社区的另一个原则是在社区和邻里的公共与私人空间之间达到一种平衡。现代主义阶段产生的城市和社区的特点是公共空间没有特点，没有形态，而私人空间则成为顾影自怜的一室空间。城市和社区中的场所和土地分的极为清楚，或公或私没有中间和灰色区域。那种由不同的社团和不同的人们共同拥有的社区、邻里和城市空间不复存在。由于极端的私有化使得过去那种由多层次、多组团共同拥有的空间消失了，它们被私人彻底地占有。私有化还将许多公有领域变成私人的范畴，例如公共交通变成了私人汽车，锻炼从公园转为家庭和私人庭院，公共场所的娱乐变成了家庭内的电视等等，而汽车则进一步将在城市街道中漫步的乐趣全部打消。在一定程度上讲，现代技术将人与自然世界的关系领入了一种十分困难的境地，它将社会的共同基础消解了。廉价的能源将建筑与其存在的环境分离开来，汽车使得城市社会支离破碎。过去那种从廊子到四合院，到大门，再进入胡同的层次都不见了。胡同中的小型街道空间和社区邻里等形式的半公共空间都被消除了，可持续的社区邻里设计，以及更为广泛的城市设计是要强调城市和社区中的“公共”领域、公共空间和共同使用的设施(社区空间、城市广场、社区街道、社区商店、学校、社区政府设施和中心、社区图书馆等)，因为过度的私有化所产生的环境形式不是最经济、最能节约能源和资源的。正是在社区尺度上的共同具有的立场、责任和系统才是人居环境和社会上和环境上最有希望的模式。所有可持续发展的社区设计所要遵循的有如下几项：注重环境质量、节省能源和资源、保持历史、文化和社区特征，维护建筑类型和城市社区形态，强调高密度和多功能的混合使用，以及鼓励使用太阳能设施和建筑。

新城市主义的城镇和社区设计在本质上是一种“可持续发展”的城镇和社区模式。美国《建筑》杂志 2000 年 3 期上介绍了位于美国西南部半沙漠地区亚利桑那州的civano镇采用新城市主义的城市设计策略(图 11)，如将社区街道设计的较为狭窄，邻街道的建筑配有可使用的凉廊，鼓励在家中工作，并在社区中心开设咖啡厅，同时在建筑设计上采用可持续发展的建筑材料、方式和设备，如屋顶设计的集水装置将水集中在大木桶中用来浇灌植物，太阳能装置，以及使用 85%由回收使用的聚苯乙烯泡沫塑料制造的PASTRA 砌块(RASTRA

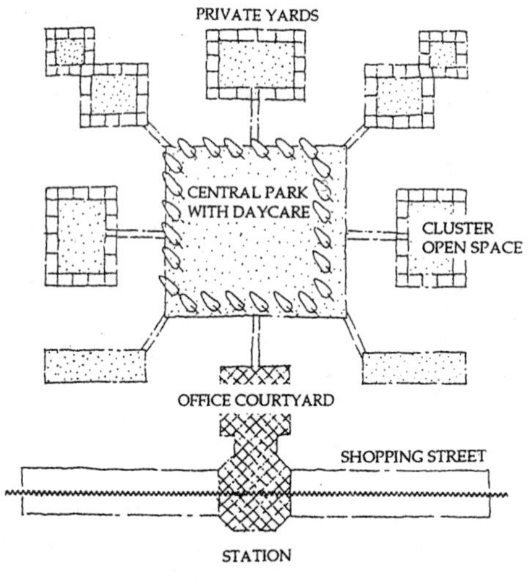

图 9　步行系统(Pedestrian Pocket)提供了一系列多样化的室外空间：家庭私人庭院、一组住宅的半公共空间、所有人可以使用的中心公园，而办公区的室外空间和商业街道空间，不仅为社区内的人们提供了公共空间，还为社区外的人们提供了公共空间。

图 10　社区公园、绿地、娱乐场的几种设计

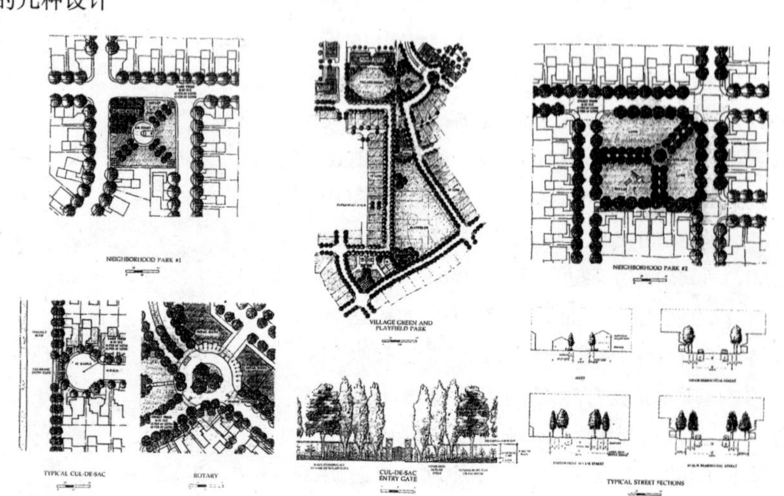

block)，这种砌块具有很高的节能效率。此外还尝试采用较厚的草跺墙，这种墙的隔热系数可达R25～R30，比传统的R24墙要高。虽然该社区的住宅要比其他地区的高12%～15%，但新城市主义的社区感和具有环境意识等因素使得该社区很受欢迎，120栋住宅在七个月内售罄。(March 2000, ARCHITECTURE)

可持续的城市与建筑的问题，尤其是当其涉及到城市和建筑的文脉，文化渊源的持续、保存和发展时，对建筑师来说就不仅是一个技术上的问题，而且涉及到责任、道德、义务、良心、自觉的意识等更为本质的问题。长期以来建筑教育一直强调对人文和艺术等各领域的广泛教育或涉猎，其实这种教育最根本的目的在于培养未来的建筑师对文化的领悟，以便将来能够有自觉的责任心去保持、维护、关心、发展本社会、本民族的文化(尤其是在现代社会能够使用'现代'手段来维护所谓的"弱势"文化)。正是梁思成先生的学识和修养使得他当时能够在极大的政治压力下仍然坚持应该保持北京古城的原则。今天虽然没有那样大的政治压力，但是有着经济的压力和"发展"的影响，在这些压力和影响下无数城市和建筑的文化"森林"被从根上砍伐干净，成为光秃秃的文化"沙漠"。建筑师有责任在一片"森林"被砍伐之际，提出保护森林的设想、手段和方法，提出即可以保持"森林"又可以不阻挡发展的俩全策略，如果达不到最佳目标，至少可以提出那种适当的管理性的"森林"开采方法，即选择性的、间隔性的"采伐"，这样可以保持森林或局部的森林。如若仍然不能达到这样的策略的话，是否可以将很小的一部分"森林"留下来作为新开发区中的"城市森林"，作为一种观赏性的"文物"。前些时在《建筑师》89期上见到张永和先生在"泉州中国小当代美术馆"上所采用的独特的建筑文化思考方式和可持续发展思想，在一定程度上便反映了这样的一种设计策略。设计者在介绍设计思想时说："出于经济上的考虑，既为了降低'小当代'的造价，也作为民居大量被拆除时期的文化保护的一种手段，利用旧建筑材料设为该建筑设计的出发点。小当代美术馆设计利用泉州当地的老房子的旧砖、石、瓦及旧木屋架来建造一个新建筑……这一设计实际上也探讨了建筑的可持续发展问题。"这便是有责任感的建筑师在文化转型时所思考的问题和采取的策略。

在书本上讨论城市和建筑设计上的可持续发展易，在城市规划、城市和建筑设计实践上进行可持续发展的探索难，这就是为什么笔者对张永和以及其他进行可持续发展的城市和建筑实践的同仁们表示尊敬的原因。

参考文献

1.R.E.Mum,Toward Sustainable Development:an Environmental Perspective,in F.Archibugi and P.Nijkamp ed.Economy and Ecology:Towards Sustainable Development.Kluwer Academic Publisher,1989.
2.F.Archibugi,Comprehensive Social Assessment: an Essential Instrument for Environmental Policy-Making.
3.H.Leeflang,Physical Planning and Environmental Protection in the Long Term.
4.Edward Relph,The Modern Urban Landscape.
5.Sim Van der Ryn and Peter Calthorpe, A New Design Synthesis for Cities,Suburbs,Towns, Sustainable Communities,S.F.,Sierra Club Books,1986.
6.GA 22,P24～25.
7.D.Soloman,Architect 1995.
8.Peter Calthorpe,The Next American Metropolis, Ecology,Community,and the American Dream,NY,Princeton Architectural Press,1993.
9.Doug Kelbaugh ed.,The Pedestrian Pocket Book,a New suburban Design Strategy,NY,Princeton Architectural press,1989.
10.Architecture,March 2000.
11.建筑师(89)，1999.

图11 亚利桑那州的可持续发展村镇外观

美国城郊社区发展中五种代表性理念及其形态

黄一如　陈志毅

前言

在美国，纷繁的住区规划理念及其形态的继承和发展、扬弃和生成之间的关系，就像是一个精细的网络。从历史的角度看，各种先后继起的思想和方法间，存在着一条隐约可循的线索，即：随着时间的推移，社会条件及择居观念等都不断对住区提出新的要求，使得业已存在的理念和形态受到质疑和挑战。后来者在汲取前人经验的同时，针对其局限性，提出新的创意。本文概略评介一个多世纪以来的五种具有代表性的社区规划思想，以呈现美国城郊社区历史发展的主线。

一、欧姆斯特倡导的理念及其形态

弗雷德里克·劳·欧姆斯特(Frederick Law Olmsted, 1822～1903)为英国追求画意的设计传统深深吸引，对英国设计师简·奈西(J. Nash)和简·帕克斯顿(J. Paxton)的作品中展现出的新英国设计趋势有很浓厚的兴趣。在游览欧洲的过程中，欧姆斯特见到了他日后作公园和郊区设计的原型——伯克翰德公园（Birkenhead Park）和它周围的郊区。当地的实景向他展现了典型的英国郊区设计特征：曲线型的道路和如画般的风景。这些成为欧姆斯特回到美国进行设计创作时的原则。

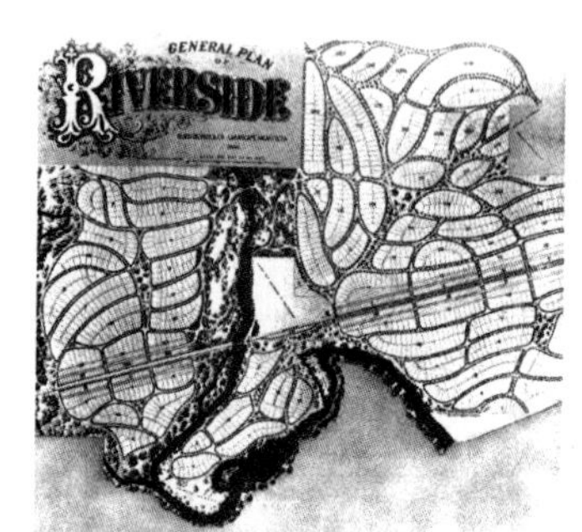

河滨社区规划(摘自 Streets and the Shaping of Towns and Cities)

欧姆斯特在设计纽约中心公园后，进一步增强了对郊区生活的信念。在对都市生活条件进行了反思后，他认为，郊区有最吸引人、最美好和最健康的家居生活；相对于城市文明而言，郊区生活不是倒退，而是一种进步。欧姆斯特把恶劣的城市生活环境和美国城市的物质环境布局联系起来，他批判网格状街道和那些住房过于拥挤的街区。欧姆斯特采用曲线型街道去表达与严谨刻板的城市环境截然不同的情致：平和而富有乡村气息。

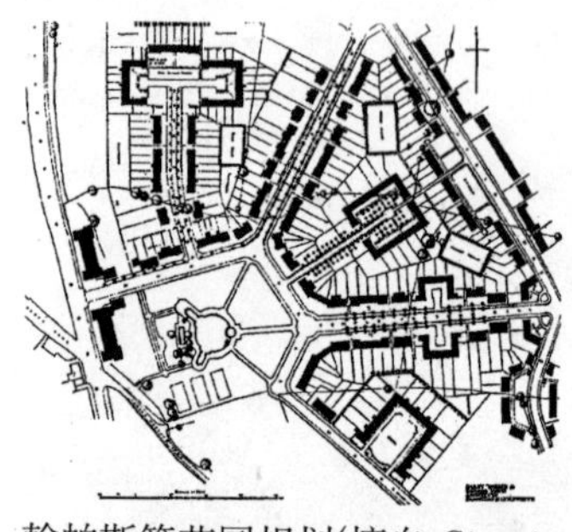

翰帕斯第花园规划(摘自 Streets and the Shaping of Towns and Cities)

1868年欧姆斯特和沃科斯(Vaux)在河滨社区（Riverside）设计中实现了他的居住哲学：将一处1600英亩低平、潮湿、荒芜的土地改造成了风景绮丽的社区。社区中，住宅从道路旁向后退至少9.2米，道路呈优美的弧线型且两旁植树，以造就悦目的视觉效果。道路空间开阔，彰显出既富于时代感又悠闲、愉悦的恬静氛围。这种景象后来成为美国郊区的主要特征。

在欧姆斯特式规划中，不仅弧线型的街景颇具魅力，而且社区整体对地形亦有敏锐的反应，并对地形环境的突变有很强的包容性。同时，社区内的交通均衡地分散在整个路网上。但是，这种样式的规划也存在着局限性，如：社区的方向感很弱；宅基地的大小难以控制；道路宽窄相当而没有分级。

二、恩云和帕克尔倡导的理念及其形态

20世纪初，虽然街道规章①（Bye-Law Street）已传播到美国，但美国设计师莱蒙德·恩云(Raymond Unwin, 1863～1940)和贝利·帕克尔(Barry Parker, 1867～1947)（以下简称恩＆帕）认为街道的物质形态和建筑布局直接影响市民的社会行为和社区的状况，而街道规章单调无趣的模式，缺乏人情味，不能满足居民的社会需求。因此，他们重新回到了传统院落式空间。恩＆帕还批评街道规章那种四通八达的布局方式，认为这种作法虽然避免了不健康的庭院，但不利于形成安静的生活环境。

受霍华德花园城市和欧洲中世纪小镇的启发，1904年，恩＆帕在翰帕斯第花园（Hampstead Garden）中摒弃了街道规章的布局形态，转以放射状布局取而代之。道路也不同于欧姆斯特和街道规章的作法，而是采用分级的道路系统，其平面和剖面随功能的不同而变化，并限制过境交通。

翰帕斯第花园还是第一个系统运用开放庭院的开发项目。以二至三层的联排式住宅或公寓界定中心绿地的空间，并设有较窄的服务性道路使两者相连。这种布局创造了相对安静的居住氛围和以步行为导向的外部环境。步行环境从公共街道中脱离开来，成为具有建筑感的半公共性空间。尽端式道路则比二战后出现的更宽、更长，

且不设环形回车道。恩&帕的规划模式创造了一种富有几何变化的意趣，并控制住了街区和宅基地的尺寸变化。放射状的道路不仅构成了网状的空间，而且全都指向乡村绿野，形成视觉走廊。

恩&帕的作品被成立于1923年的美国区域规划协会（RPAA）确定为郊区环境的一种新的物质空间结构。归结起来，恩&帕的规划模式主要具有下列特征：

（1）通过道路分级，疏解交通压力，并以对角线道路组织过境交通和顺应地形变化；

（2）设置相对独立的步行系统；

（3）区内空间具有几何情趣；

（4）可控制街区和宅基地尺寸；

（5）设置服务性道路，方便布设管道；

（6）成功地界定了斜交路口空间。

与欧姆斯特式相类似，恩&帕的规划也比较欠缺方向感。

三、斯坦恩和莱特倡导的理念及其形态

建筑师兼规划师克劳仑斯·斯坦恩(Clarence Stein，1882～1975)把自己描绘成霍华德(Howard)和恩云的信徒，他和亨瑞·莱特(Henry Wright，1878～1936)（以下简称斯&莱）于1928年合作设计了美国的花园城市莱德蓬(Radburn)——一个"汽车时代的城镇"和"为儿童而建的城镇"。要实现上述设计目标，物质和社会两方面的规划都极为重要。通过一个强化社会交往的社区规划，莱德蓬利用空间形态加强家庭生活和对儿童的关怀。斯坦恩57年的著作《走向美国新城镇》（Toward New Towns for America）概括了莱德蓬的五个基本要点：

（1）超大街区；

（2）为专一用途而不是多用途规划和建设的道路；

（3）行人与汽车完全分离；

（4）住宅围绕道路；

（5）绿地作为主脊。

莱德蓬的中心理念是要创造一个居民能和汽车和平相处的城镇，在汽车时代刚刚开始的时候，斯&莱就提出这一思想，对此后的设计有很重要的意义，也显示了他们眼光之深邃。后来，莱德蓬的设计师和居民见证了汽车对社会施加的骇人的影响，足见社会当时确实需要新的聚居形态。

莱德蓬社区的设计特点之一是采用分级的道路网，即：从步行道路到服务性道路，再到主干道，最后到高速公路，同时，道路服务于社区而不是要统治它。受欧姆斯特中央公园交通系统设计方式的启发，莱德蓬的规划设置了相互分离的车行道路和人行道路网。莱德蓬的另一个特点在于：每一个超大街区长365米到550米，有别于通常的长度在60米到180米之间的城市街区。莱德蓬的成功之处还在于体现了花园城市的价值，使开放性公共绿地成了社区的主脊。

斯&莱的规划理念及其形态的主要突破可归结为：采用了分级道路体系；设置主干道，再以更短，更窄的尽端式道路贯入社区中，这样，核心部分的绿地的交通量为零。后来，超大街区和它的标志符：尽端路，一起成了郊区聚居形态的样板。

四、美联邦住房管理委员会（FHA）倡导的理念及其形态

联住委（FHA）是美国住房法案的代言人，成立于1934年，对30年代到70年代的美国郊区形态产生了直接而重大的影响。在1934到1970年间，联住委成功地控制住住宅发展和发展商，这不仅因为它拥有财政大权，更在于它不是一个纯粹的规划机构，而是由房地产代表和银行代表操纵。发展商认为联住委的干预体现了他们的利益，因而对联住委表现出了极大的热情。到50年代，美国更倾向于把年轻家庭吸引到近郊和卫星城的方法去解决城市问题。联住委亲手打理联邦城市更新和高速公路计划，从市中心清理为数众多的低标准的住房，而将新住房置于城市的边缘，在此过程中，联住委的规划师依据联住委自己的模式为正在开发的项目免费地提供建议。由于联住委参与全美四分之一的住房抵押贷款，即至少有四分之一的顾客从联住委贷款，因此，发展商如果不重视联住委的建议将是很不明智的；而联住委则借此鼓励建设高品质的住房和社区。

在1933年第三次大会上，CIAM与花园城市和郊区理念分道扬镳。柯布西耶对花园城市持批判态度，他认为城市花园导致个体的孤立和集体意识的消亡。他讥讽弯曲的道路是驴子走的；是马虎、懒散和缺乏注意力的表现。柯布西耶热衷于方格模式，认为直角比其他的角度都优越，更代表均衡世界的力量，因而倾向于采用直角补救和修正都市错综复杂的街道系统。同时，柯布西耶、格罗皮乌斯等还认为汽车和技术是塑造新城市的力量。抛弃掉历史的模式后，他们构想出一个新尺度的城市，这种城市注重速度、运动和效率。对

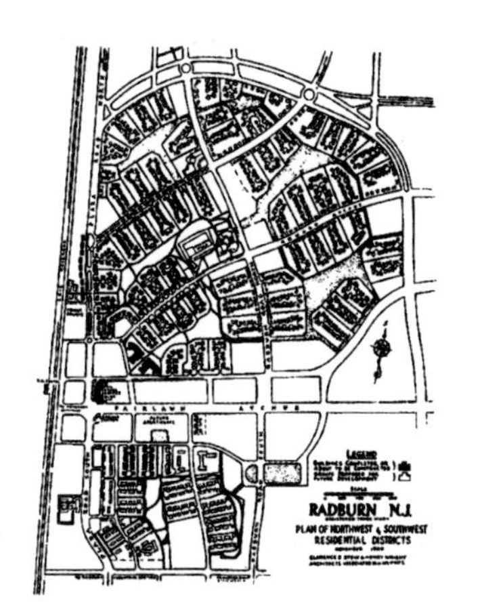

莱德蓬社区规划(摘自 Yard, Street, Park)

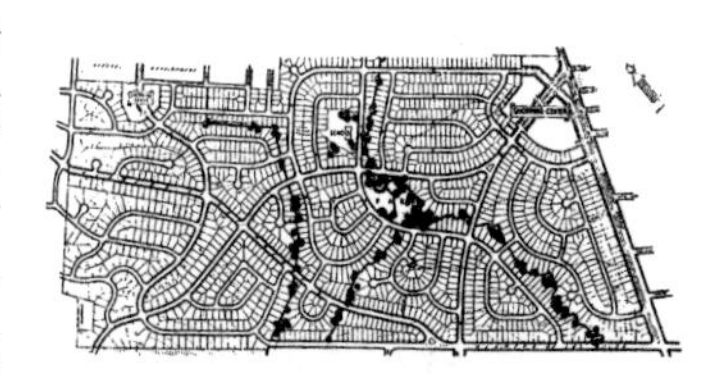

联住委推荐的规划范例（摘自 Streets and the Shaping of Towns and Cities)

现代主义者而言，城市是一部复杂的机器，街道是一个“器官”。

虽然现代主义是波及世界的思潮，但是现代主义对美国社区的影响远不及欧洲，这要归因于联住委对现代主义所持的批判态度。联住委批判现代主义的方格网状的规划是单调、浪费且不安全的。联住委反复强调：社区应反映场地的特征；住房要紧随街道布局；弧线型的道路有助于邻里特色的形成。而且，联住委对尽端式道路予以特别的关注，认为它能减少每户平均占有的道路面积，降低交通量，并能服务难以到达地段的住宅。在联住委模式中，尽端式街区长180米到395米，宽60米到90米。人行道被建议用于繁忙的交通街道，而一般的居住性街道可以不设路肩或人行道。

联住委追求社区的秩序和个性，认为社区邻里的高品质不仅予人以良好的初次印象（这对于推销开发项目很重要），还能让人们从内心认同该邻里为自己的家园，从而使自尊与责任感荡漾到整个社区。因此，联住委的哲学是：把土地当作邻里规划，则于开发商更有利，于投资者更安全，于居民更具魅力。

联住委鼓励开发商为学校，教堂和商场提供地处中心或可达性强的场地，并以实例指导如何将服务机构设于中心地带的同时，又和各邻里保持便捷的联系。与大多数的郊区规划师和发展商相一致，联住委假定有高速公路相连的区域性购物中心能为郊区居民提供充分的服务。但遗憾的是，这种观点却最终导致了商业和社会机构的散乱和无序。

当按联住委提倡的形态建成的郊区出现时，人们排起了长队去购房，虽然人们并不知道那是联住委的主意。这表明，联住委所推荐的形态受到市场的认可。但是在联住委式形态中，那漫长而千转百回的道路，似乎表明那时的美国人很热爱开车，到哪去都先上车再说。因为，在这样的社区中，从外面走进社区再到自己家里，或反过来，都根本没有近路可走，远不如开车快捷轻松。联住委样式社区的形态对步行确实考虑甚少，甚至在不经意中使步行受到了抑制。

金乡庄园规划（摘自 Yard, Street, Park）

联住委样式的理念及其形态可归结为：采用分级道路体系；强调对地形有敏锐的反应；综合运用尽端式道路和弧线型道路，以形成安宁的居住氛围和优美的街景；有良好的邻里感；但是，社区整体感薄弱，方向感也不强；社区内各邻里间的联系不足；对汽车过于依赖而对步行有相当的抑制。

随着对此类形态社区生活体验的深入，人们越来越感到步行不能这样被忽视。从某种意义上说，联住委样式社区的发展，无形中促进了对社区步行的反思和研究，为日后在这方面的突破埋下了伏笔。

五、柯史比倡导的理念及其形态

80年代末到90年代初，伴随着对泛滥的自然主题住区的逐渐厌倦，美国人对规整有序的传统城镇的怀旧情结日益弥漫开来。其间，大众和专业期刊上涌现出大量有关新郊区设计潮流的文章．最为引人瞩目的是杜比兹（DPZ）（Andres Duany & Elizabeth Plater – Zyberk的合称）提出的“传统社区”的概念和彼德·柯史比（Peter Calthorpe）提倡的“步行社区”（Pedestrian Pocket）概念。

杜比兹对当代美国郊区形态的种种流弊提出了深刻的批评，有的批评直指它们的历史根源：源自德国的分区概念（Zoning Practice）、联住委所推崇的标准分级道路系统。杜比兹采用的高密度、混和功能和方格状道路网的形态布局，均能鼓励居民在社区内步行，而非频繁地使用汽车。这样，能让社区多几分安宁和清新，少几分嘈杂和混浊；使日常生活更轻松有趣，让居民更多些见面交往的机会，彼此在交往中融入同一社区，以找回被工业时代冲散的传统的睦邻关系。

虽然都顶着新城市主义的帽子，柯史比却对杜比兹的观点有些微词。他认为，鉴于社会、经济和环境对我们时代的压力，对汽车、人行交通重新整合是必要的，问题是应如何将行人和交通的需要导入城市里汽车主宰的区域，而不是重返美国小城镇的片段。

柯史比的规划处于斯&莱样式形态和杜比兹样式形态之间。柯史比认为，要改变都市扩张、交通阻塞升级的不良增长方式，应找出新的发展模式。他提出的“行人社区”是对与区域快速交通相联系的郊区的一种构思。“行人社区”位于城市之外的紧凑的社区，以公共交通联系市中心或其它中心。每个社区最好有特殊的功能定位，如，购物中心、办公、文化中心或轻工业等等，给当地居民提供相当多的就业机会。同时，社区应提供均衡的区域性增长以减少土地的消耗。柯史比设想的这种紧凑的形态，以公共户外空间为中介，为社区提供完善的零售和商业服务，以便把人们的生活吸引在当地，改变当代来来回回的交通模式。此外，通过对街道、广场、公园、游玩场地、自行车道、人行道、学校院落和社区中心的整体设计，促发更多的步行和户外活动。

1989年，柯史比应邀规划设计位于西朗哥纳（Laguna West）的25000英亩土地。作为第一个“行人社区”，西朗哥纳受到当地媒体、规划师和建筑师的欢呼。尽管它没能满足许多法规，但却迅速获得了政府的批准，表明了县政府对这个概念的全面支持。西朗哥纳的规划建立在一个开放空间网上，对称的轴线放射状地划分场地，并为场地间提供了空间联系。柯史比在此摈弃了车行和人行相分离的作法，将街道当作公共开放空间中的一种基本的线型要素，直接联系家、公园和镇中心。所有的街道都同时为行人和汽车而设计，其中，人行道有树荫遮蔽，并和车道划分开；绿地不时点缀着道路，而车库则隐蔽于屋后，以宜人的步行环境吸引人们离开汽车步行到镇中心。

正如柯所言，他所构想的聚居形态是要在川流不息的来往交通中找到一种转化方式，这种方式将步行和高速的车行成功地整合在一起，从而在汽车主宰的地方中开辟一片可自由地步行和骑车的“飞地”。这样，既改变了城市原有的熙来攘往的交通模式，也减少了交通阻塞。

西朗哥纳社区规划展现了以交通为导向发展出的城市设计的基本原则。但是，这个设计忽略了水质、湿地一体化等生态问题。柯史比新近的设计则致力于上述问题的解决。在《未来美国都市》(The Next American Metropolis)中，柯史比提出“生态和栖地”的原则：保护并整合社区内的自然区域，包括对溪流和湿地的保护；城市边际明晰化；选用土生土长且耐旱的植物；场地和建筑应考虑节能。柯史比提出，美国未来都市的健康与否取决于社区的生态状况。在社区，生态原则左右社区的发展。柯史比认为，讲求多样、共生、分级和分散的生态观点适用于各种规模的社区设计。

金乡庄园(Gold County Ranch)是一座面积7750英亩、预计人口为10000的新镇。柯史比在此运用了他的生态——栖地的理念。柯史比将金乡庄园设计成一个独立的城镇，同时强调保存庄园内的湿地、河岸走廊和森林坡地，并通过自然开放式的空间网将绿地、学校联系起来，使居民的出入、游憩有了众多有趣的路径选择。柯史比的规划还涉及庄园洼地的整合、水的再处理。此外，庄园70%的土地留作森林和农业用地，还在庄园边缘布置有永久性绿带，以约束金乡庄园向外的无计划扩展，并且构成与附近历史城镇尼瓦德（Nevada）之间的缓冲带。

柯史比的规划模式的核心是：公共开放空间作为社区的主脊；区域交通网和公共交通相连；通过提供服务和工作机会以及高品质的开放空间，造就城郊社区更高密度的生活形态；提供宜人的步行环境和便捷的公共交通，以减少对车的依赖；社区规划应考虑当地生态的可持续发展。

结语

纵观美国城郊社区的历史变迁，针对居住环境的视觉形象、人车关系、公共空间、交通组织以及与地形的协调等问题，在各个历史时期，分别有着不同的应对之策。当今，生态环境问题及网络技术的应用等也渐次被纳入视野。这一方面说明了社区规划具有很强的时代性特征，另一方面，也体现出社区规划的主题始终是通过物质空间的塑造体现对生活品质的关心。

在人类历史跨入21世纪时，中国的城市化程度刚刚迈过30%的门槛，依照世界的常例，当一个国家的城市化水平达到30%时，随后会进入一个快速的城市化进程。如果不出意外，中国今后会经历一个高速的城市化时期阶段。特别是在中国加入世贸组织后，轿车将成为更多家庭的代步工具，城郊社区也会随之加速发展，我们将面对许多类似美国城市化进程中时所遇到的问题。因此，积极研究美国城郊社区规划的历史变迁所遇到的问题、运用的方法和获取的经验，会有利于我们获得前瞻性的观点，促进居住环境的健康发展和生活品质的不断提高。

注释

①街道规章(Bye-Law Street)：1875年，针对工业城市中公共空间肮脏、拥挤、污浊、昏暗的状况，伦敦议院通过了公共健康法

（下转21页）

设计的开始 /3

王 澍

项目: 顶层画廊
地点: 上海市南京东路479号先施大厦12层
基地: 整层写字间，380m²，无梁楼盖，全混凝土现浇，未粉刷
设计: 王澍／业余建筑工作室
材料: 混凝土、钢材(角钢、槽钢、无纹钢板)、玻璃、木板
时间: 1999年10月至2000年4月

我曾经说过："一座业余的建筑将建造它的使用者模范"，而一个模范的使用者即是一个"在家的工匠"，在他视为家的地方，悄无声音地工作，往往是琐碎的工作，事先并无预设的计划，如杜尚所说："我只想自娱。"

于是，对使用者模范的建造就变成了和业余建造者的巧遇。"五年前，我就知道会给你做个东西"，遇见吴亮时，这是我说的第一句话。他以为我在编故事，当然不是，我一向拒绝故事，而且知道，在这个年头，我意识里的那类业余建造者根本稀少，吴亮就是我早就注意到的一个。记得那天来的还有画家孙良，他在大剧院边那间破旧的马厩画室，对后来顶层画廊的营造产生了难以描述的影响。

必定有人质疑，"顶层"和"业余的"在观念上冲突，实际上，"顶层"这个叫法只和工商登记有关。

先施大厦十二层，就是顶层那块场地，是我和吴亮、孙良一同看中的，多年闲置，当仓库在用，曲尺形的空间，除了一些杂物，空空的，什么都没有，但它却击中了我。北墙最短，并排开四个小窗，正方形，它们的尺寸和间距相同，南京路的街景就成了四个正方形，完全相同又彼此差异；南墙最长，向东南微微倾斜，开通长的条窗，给人全景的印象。房子没做内墙抹灰，于是"看"就先叠加一个赤裸的现浇混凝土空间，一切都像是静止的，笼罩在南方混黄的阳光里。接下来就察觉到从南京路传递上来的震颤，这不是一处简单的室内，这是上海中心的一处内脏，我对它的爱欲只因为它是一处内脏，和意义毫不相干。"上海这个大都市的艺术家就应该坚持在南京路上"，我的话帮大家下定了决心。

孙良建议把"十二层"做画廊的名字，这是无法不赞同的(但黄浦区工商局不赞同)。说到底，一个画家——从根本上说不意味任何东西，画廊也一样。"十二层"只是一个数字，一个关于高层建筑的纯粹量度，和怀旧无关，和前卫无关，和任何趣闻无关，但作为一个地点的名字，它很好用。

一般而言，朋友们费尽周折找我设计，总抱着某种希望，例如期待一种新的革命性建筑语言的出现。有意思的是，我在生活中很少见人，很少看画展，即使我做的画廊也很少去，事实上，我不为环境所动。在我而言，静止不动已经是一种生活方式，不是去追逐什么，不是把一种新的语言强加给现场，不是提出一些问题，而是对提问的方式做讨论。当你试图无前提的投入一个设计活动中，设计的开始就总是困难的。对我来说，"设计的开始"不是一个时间判断，这个词是一个理论范畴，一种欲望，一种逃离自己的欲望，它会使纯粹的现场性显明。

在纯粹的现场，设计者本身实质上的消失显露了出来。索莱尔在他的小说《戏剧》中，对此有过很清晰的描述："任何开端都从未显露过必要的中立性迹象——。令人惊异的是：他总是相信只要自己想讲真实的故事，他就能那么做——。如果他真试着这样去做，那么，每天在他和自己的计划一致的片断内——直到恐怖、直到虚无——他就不得不胡乱的开始，并机智地去承担风险——。他马上就会有这样一种印象：自己误入了一座陈列品栩栩如生的博物馆，在里面他自己既是一切画卷的中心人物，同时又是外围人物：每一幅画的形式或作者都是不相同的。他就只好从那里继续下去。"

在手边的

吴亮说他搞画廊只是想让朋友们有个地方聚聚，于是就包含两半：画廊和酒吧。画家或画家的朋友们在这里成群结党，交流他们的研究、发现、错误，不过，更重友情。这一切能够被抽象成某种空间化的现实吗?能够被预先决定吗?很遗憾，我厌烦抽象，甚至拒绝，只有在拒绝抽象之后我才明白能干点什么，就像“十二层”这个数字总让我想起孙良说出它时坐的那只三人皮沙发，吴亮的这个意图就让我想起一张桌子，放在那个现浇混凝土现场，正在发生的扑克牌戏，四个玩牌的人：吴亮、我、孙良和X。

凡牌戏必有一个规则，但游戏一发动，就包含着纯粹的偶然。四个玩牌的人也是四张牌，X就是那个策动偶然性的“百搭”。在这里，偶然并不表示混乱，恰恰相反，它包含着一种既准确又清晰的东西。有意思的是，扑克牌戏像一切地道的游戏一样，重复着、折叠着，它是并不发展的，但一门无限的工作领域却显露出来。我是一个分心的玩家，既卷入一场游戏，又试图保持距离，保持距离不仅是为了和运动、风格、观念分开，而且还和艺术家分开，于是，设计开始于那个冷静的中断时刻，蓦然达到的形式，如罗兰·巴尔特所谓的“停格静照”。不过，围绕着浙江南浔河边酒楼上一张八仙桌的回忆，提前十年暗示了我的东西静止的特征。

下面这段回忆引自我的短文《十二米的旅程》：

> 八仙桌四方形，它的摆放照例是坐北朝南，于是一张桌子同时是一张地图或一个指南针，能够帮助人的记忆。你只要记得自己坐过的方位，就可以准确复原回当初四个人坐过的格局。
>
> 我们都走得口干舌燥，剥好的桔子还没送到嘴里，同行的瑞士建筑师用德语喊了声“停”。其余的三个人都受了点惊吓，我只记得那时脑子中止了，一片空白。“请认真看一下自己的桔子皮”，于是我们都盯着桔子皮看，于是桌子上的四只桔子皮就突然显现为某种预先策划的陌生事物。
>
> 如果我坐在桌子东面，那位瑞士建筑师就坐在桌子南面，他剥的桔子皮像用刀切过，整齐的分成四份，但仍被桔蒂连结着，四份完全相等，如数学般精确，让人佩服他手上长尺；坐在北面的是一个加籍华裔青年，哈佛大学建筑学硕士，他的桔子剥完后仍是一只桔子，就是说，只在皮上撕开一道半个周长的切口，然后把整个桔子掏出来；我对面是个香港朋友，伦敦大学建筑系的博士，桔子皮被他剥得瘫在桌上，由两部分缠绕着的螺旋，很复杂的样子，或者说，包含着一种拓扑结构；回想起来，我当时对自己剥的桔子皮很有点儿惭愧，乱糟糟的一堆，只是粗糙的碎片，如果只见过皮而没见过桔子，很难猜出桔子原本是球形的。
>
> 吃桔子只是生活中的寻常事件，但在那一刻，我们停止动作，四堆桔皮就让我看到自己的创造。原本以为很遥远的，其实就在手边。一切都取决于某种中断，和习惯的同一性生活的某种决裂，于是，寻常的琐碎事物呈现出某种殊异性，让你觉得自己新鲜的活着。在我的住宅阳台上，我造起一间房子，约2米见方，或者说，只是半间，从这间房子开始，产生了观照一座建筑及其构造的一种新的思考方式。我所有的只是一些小观念，未定的、一半的，但它们的力量与尺度毫不相干。

这段文字写在我和吴亮相遇前的一个月，“十二米”是我步测的在家中散步的最长路程，对沉思默想的一个量度。

两个词

有两类建筑师，一类是设计重要建筑的人，另一类是不设计什么重要建筑而只是去设计的人，我称后者为“业余的”，他们的“活”更地道。

把自己投入一个现场，从简单的，尽可能简单的东西入手，可以作为设计起步的基本原则，但在我看来，“简单”主要不是一种趣味，而是关于建筑语言的根本。维特根斯坦在《哲学研究》中曾经发问：用多少条街道、多少幢房屋才能构成一座城市?用多少个词才能构成一种语言?有可能存在一种只有两个词的语言吗?

现在，语言的结构性众所周知，但十二层画廊最后完成的那些东西有一个“结构”吗?也许有：一道大墙把现场分成两半，一边是酒吧，一边是画廊；一边是空白，一边是杂多。两半的场所都有一个门，都被强调到一间房子的地步，更别提它们那些

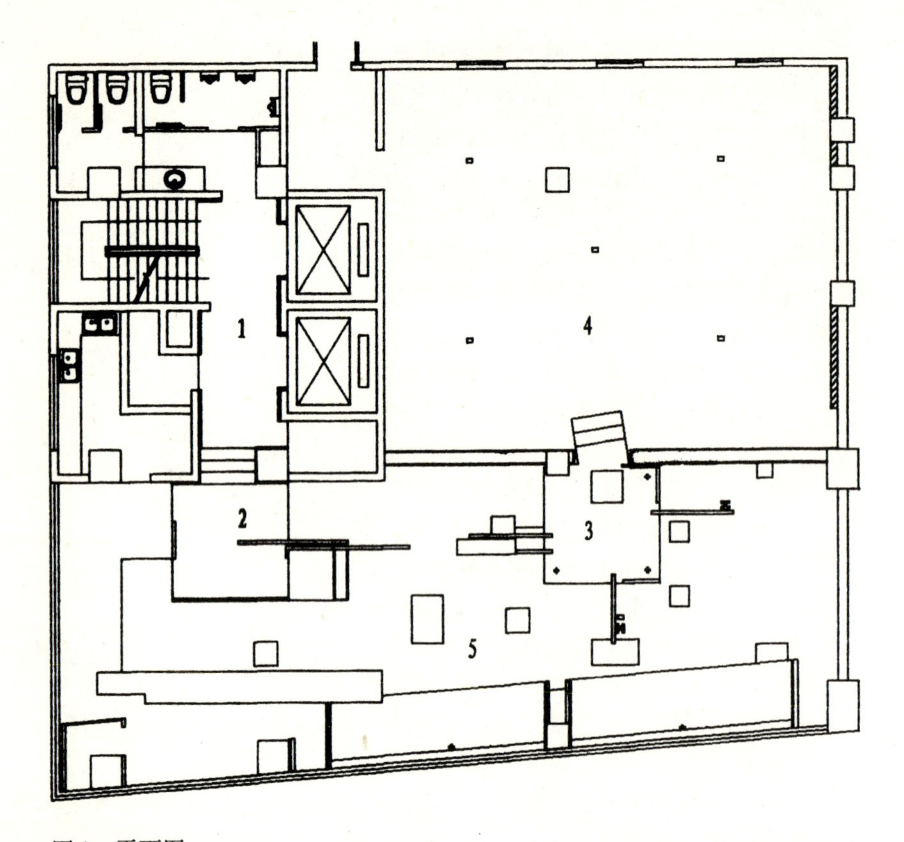

图1 平面图

1 电梯厅
2 幻灯机
3 照相机
4 画廊
5 酒吧

复杂的机关了，但是，在这里，“结构”恰恰是最不重要的(图1)。两个“门房”只是两个孤立的词，它们并不连接，就像分成两半的画廊并不连接，它们之间只有并列关系，没有结构关联，它们是各自的“一个整体”①。

事实是，这些彼此不联系的东西彼此相似，两个“门房”甚至在几何尺寸上完全相同，都坐北朝南。说建筑语言的“结构”不重要，就是拒绝用现成的语言去说房子，而是在从第一张草图到最后一道油漆之间的过程中把那个尚不存在的“结构”找出来，我把这个过程叫作“构造”。构造就是对琐碎事物的精致推敲，把事物间真正的差异建立起来，这需要耐心与敏感，于是，决定性的开始就在于两个词间的“最小差别”②。用草图和吴亮对话，他总说：“复杂了点”，我总是回答：“会简单的，我仇视急切”。

图2 幻灯机

我的设计没有方法，而是边做边找方法。两个“门房”就是两个词，在它们出现之前，天知道我做过多少种选择。我一向坚持，任何一种实验性的探索，如果没有彻底性，就毫无意义，在建筑设计中，寻找“结构”是件大事，但“构造”过程甚至也是不保险的。严格的说，一个房子没有“结构”，它必须被使用出来。“可爱的是运动”(杜尚语)，但这并非指爆发性的运动感，也不指对事先策划的运动的空间记录，而是对建筑语言的潜能做讨论。不去使用，两个“门房”就是静止的，一旦使用，运动就和身体的姿态一起爆裂出来，它们并不需要提炼成什么纯粹的抽象规范，这就是语言性批评的含义：“并不是去判定，而是去辩异，区分和一分为二”③。

不抽象的东西都有一个名字。两个“门房”，一个让人从电梯间走进酒吧，一个让人从酒吧走进画廊，我称前者“幻灯机”，后者“照相机”。它们使我和现场先在的东西保持某种最小限的接触。只是去看什么，但是，在古希腊文里，“看”和“观念”原本共享同一个词根。

需要说明的是，这两个东西是在一张草图、一个场景里同时画出，彼此不存在推理关系。幻灯机几乎是正方体，一个盒子，它的好玩之处是只有一张幻灯片。当幻灯机放大到一间房子的尺度，幻灯片就放大到一扇门的尺度，约3米见方。一开始想把盒子做成透明玻璃的，强调它毫无深度，就如摆在图板边的那个玻璃纸盒：妻子用过的法国兰金雪花膏包装盒外的玻璃纸，质地好，盒子拿掉了，它还保持精确的正方体，似乎还带着什么内容，让我着迷。相反，装在轨道上的幻灯片不透明，只在正中开一个20厘米见方的长方形六格窗，推动大门，就看到室内的场景，并叠加一个视窗放大的效果。

如果室内场景的变化是偶然的，幻灯机也是偶然的，人们总是看着幕布上的图像而忘记幻灯机，这个念头让我震惊。把玻璃换成磨砂，意味着一切都倒转了：看到的图像变成皮影似的东西，它们不在玻璃后，而在玻璃上，毫无深度，“此即摄影可怕的地方”④。倒转也是关于幻灯片的：它什么也不表现，什么也不说明，它作为门也是无用的，进入这里并非必须经过它，但它却被我甚至过分强调，防锈漆的红色，超常尺度，全钢制作，几吨重，靠特制轨道在一个无框且异常脆弱的玻璃盒子里移动(图2)。人们常问：“这是什么”?我总是回答：“这就是门本身”。

事实上，这里没有理由，我无法克制做它的欲望，后来也很少有人能克制去抚摸、去推动它的冲动，它太重，我不得不补充一个适合双手特殊握姿的拉手(图3)，但一旦移动，它就像一列火车轰轰隆隆滚向第二个盒子——准确地说，滚向幻灯机与照相机之间——并震耳欲聋地停止：一个物化的矢量。

照相机也是正方体，几何尺寸和幻灯机完全相同，都从地板架高一步，给人东西只是暂时放在地上的印象。不同的是，在几乎是黑色的空间底子上，照相机，一个盒子，也是黑色的，尽管一些焊疤暴露了它的材质，至少是弄得看不清了。完全关闭，它即是一个暗房，甚至给人单间囚室的印象(图4)；一旦打开，甚至设计者不曾预料的事情都可能发生(图5)；完全打开，它就只是一堆快门(图6)。我曾经不小心，手指捅到一架尼康FM2相机的快门，钛合金的幕帘就纠缠在一起，机器毁了，

图3 拉手。取材于一种浴室毛巾挂钩

图5 空间随运动爆裂

图4 关闭的照相机

图6　打开的照相机

图7　在幻灯机与照相机之间

那一刻，我不能思考，但却第一次看到它的存在。

如果一间画廊就是去看什么东西的地方，当一堆快门拥有一个房子的尺度，它就不仅是看的工具，本身也是被看的对象，闪着某种辉煌光彩的室内风景。"一眼看着被拍对象，一眼看着纸张"[5]，这句话可用来描写实际使用时的情况。

后来，我在没人的时候，有足够的时间去凝视它，仿佛同时看到了照相机，看到房子，也看到"真人"，看到此时不在这里的朋友，想到我爱读的罗伯-格里叶的那本《去年在马里安巴德》[6]；这仿佛-恍惚-幻像即是罗兰-巴特所谓摄影的疯狂，也是建筑师的疯狂，其时也是观看者的疯狂。

实际上，幻灯机和照相机甚至就是一个词，一个比一个纯粹一点。幻灯机是十二层画廊的起点，照相机就是中断后的第二个起点，两者保持着一线之牵(图7)。说白了，重复制造隆重，刺激幻想，对此，我和吴亮很默契，他把第一次展览命名为《等待》。开场那天，我站在"照相机"里，一片闪光灯，我用双手拉开第二道铁门如同拉动一列火车(图8、9)，展现在众人眼前的，是一个长方形空间(图10)，灯火通明，墙壁雪白，除了墙上挂画用的膨胀螺栓、地板上的地插座、顶棚上几个像是要挂什么的铁钩子、北墙上三个方窗，空荡荡的，别的什么也没有(图11)。

没有来源的复制品

"消除叙事，瓦解深度"[7]，我偏爱这

图8　照相机内的画廊铁门

图9　画廊室内出入口

个原则。建筑师只是提供一个空的舞台(图12)，它的内容需要使用者填充，它的结构将在每次的用中被纯粹偶然的、具体的、琐碎的使用出来，必须为这一切提供什么也不想决定的条件。

这里谈的当然不是审美，正常的人从审美看它，例如"照相机"，就只看出样式，或许会联想到别的什么东西，就像我看到这些东西就联想到著名的"中国套盒"，这类文化的东西会让我感兴趣，却不能触发我的爱欲。

我没有一种新语言，在做一个东西之前没有一种新方法等着我现成的去用。某种意义上，"中国套盒"是一种审美终极，方便借用，但我更喜欢约翰-巴思所说的："审美终极作为一个事实与艺术的利用它并不是一回事。"在他那篇著名论文《枯竭的文学》中，谈到博尔赫斯的小说《〈吉诃德〉的作者彼埃尔-莫纳德》，这位杜撰的作家试图写一本和塞万提斯一字不差的小说，"作为威廉-詹姆士的同代人，莫纳德不是把历史界定为对现实的探询，而是它的起源。——它的反讽所指将会更直接指向艺术品本身的样式和艺术史。"博尔赫斯的写作看似游戏，但如巴思所洞察的："我觉得，这一想法和博尔赫斯其他别具一格的想法一样，在智性上是严肃的，它在很大程度上属于形而上，而不是审美的性质。——其隐含的主题就是创作独创性——作品的困难。甚至说没有必要创作这样的作品。""中国套盒"并非不相干的被引用(图13)，我感兴趣的是，它作为一种处置现实的机智方式，

图10 只是一个长方形空间

图11 空荡荡的，别的什么都没有

图13 从画廊看照相机

图12 空的舞台

图 14　它的真实拒绝解释

在一个差异的场所，一种新的关系格局中，如何改变了性质，在细微的差异中展开关于建筑语言本身的新的可能性，并不断引出新的事件，这样一来，有关它来源于谁的著作权问题就变得没有意义了。

“在任何地方都不可放弃彻底的无前提性”[⑧]，胡塞尔的这个哲学训令很难做到，他那看似平静的言辞后透着无比的疯狂，但是至少，我们可能摆脱样式、风格、意义的纠缠，直接进入纯粹物质性的材料与技术，在一个殊异的场所，直接进入正在营造着的建筑语言。

营造与真实

东西越简单，施工越必须按照某种预定的精确计划进行。我曾经和一个舞台美工共事，他的一句话让我记忆良深：“好的舞美应当做到：一个东西做完后，备料用的几乎一点不剩”。但习常建造与业余营造的根本区别是：前者靠一种用以解释一切的抽象观念来设计，在设计建筑的同时也决定了材料与技术，而后者的材料是在先的，有限的那么几样基本东西，某种意义上，技术的问题更产生于思想之前，技术是随所用材料而来的技术；前者是一种设计，后者则只是制作。

于是，制作将设计的主体移出中心位置，而且我视之为一种解放。如果把十二层画廊的营造看做四个人玩的扑克牌戏，谁是那个 X?角色的替换也就是营造过程，直达材料的语言琢磨不仅击穿了习惯的建筑理论元语言、设计语言、项目语言和被遗弃的语言之间的区别，也意味着艺术观念的转型，这让我想起杜尚的一段回忆，他的《咖啡磨》最早描绘了机器，而他，也许只是巧合，把艺术上的突进和一件室内装饰的事情扯在一起：“这对我是非常重要的一件事。开头很简单，我的哥哥要装饰他的厨房，他想到要用自己朋友的画，他请格雷兹、梅景其、莱歇等人每人给他画一张同样尺寸的画。他也让我画，我就画了咖啡磨。在其中我作了一点探索。在这磨子里，咖啡往下落在里头，齿轮在上头，那几个装齿轮的把儿被环状地安排着，在几个角度看都是一样的，还带有一个箭头表明运动的方向。不知不觉中我打开了一个朝向另一些东西的窗口”。[⑨]

机器的特点之一是它的科学的，或者伪科学的严谨和准确，一种万能的纯粹工具，停滞在到达现实之前，介于理性和物质之间，它比那类艺术家偏好的如何体现“手迹”和材料的想法更基本，却不是一种抽象观念，而是一种实例。在十二层，是什么东西在一开始击中我们，吴亮一直向我追问，是纯粹自然?肯定不是，这座城市里没有什么是自然的，连花草树木也是人工的，未完工的现场当做一个“事实”就平淡无奇。问题在于我们把它直接看成一个画廊，它几乎完全无造型，排除概念，它在想像中的成长，直接来源于这座城市中那尚未被命名、被决定，在一个外乡旅人眼中显露着初次看见的新鲜性的类的揉合，它的真实拒绝解释(图 14)。正是这种不能归类的东西让我着迷，激发爱欲，让我只敢轻微触摸。无论“照相机”、“幻灯机”，都只是轻轻放在那里的某种测量仪器，因为被使用而测量偶然，它们本身也携带偶然性，却包含某种精确，更精确的要求，我叫它们“顽念机器”。借助它们，我绕过概念，绕过“事实”，直达城市中的纯粹实物。

制做机器需要机械制图，施工图全部放大到 1∶5 或 1∶10，但这只是一个待消解的基础。我对任何预定的东西都信不过，一套施工图就是这类东西，它们刚画好就让我厌烦，我更喜欢把构造图直接画在现场的实物上，听着工匠们赞叹。随着施工进展，我已经记不清在现场出过多少草图，大约相当于把全部施工图重画一遍，把最初的东西砍掉了一半。不是第一套图不精确，不完备，而是它们必定过于自我中心，过于抽象，我宁愿在现场随着某种更加耐心的节奏，和工匠交谈，凝视他们的劳做，切磋工艺，随着偶发的实例要求而不断转变。对我来说，这里不仅有一种营造本身在技艺上的恰切性要求，也关乎现场真实的保持，导致不同以往的理论视角，对此，拉康的说法也许是最精当的：“实例与意念不分的——观念，甚至认为这种方式本身就是真实。用全面扩展的意象替代传统的抽象观念。”后来，吴亮跟我在现场忙活半天，突然明白了：“王澍，你不是在设计，你是在现场制作。”(图15)

于是，有计划的施工重叠上一种零敲碎打、修修补补的活动，制作变成对制作的推敲，当然，这就像用语言谈论语言。有两个基本原则避免了罢工与混乱：1.材料决定制作，并且只使用有限定的材料，槽钢、角钢、钢板、玻璃、木板，都是施工中常用的基本建材，并遵守一个等价原则：它们总归有用；2.只使用有关的基本技术，几乎不存在隐蔽工程，例如：所有钢件不做混漆；水泥抹灰不做粉刷；地板开孔露出剖面；任何地方都不使用线脚，两种材质交接处必须交代清楚。一开始我就和工人说的很明白：“材料和技术都一般，但考验的就是基本功”。在这里，现代的趣味也是次要的，始终需要把握的是：一切东西，每个细节，都只和现场实物真实接触，它们并不“连接”。

活不干到细节的地步就不算地道的好活，但对我来说，细节未必是那些使整体完美的东西，与人们想像的相反，我一直试图从体现“手迹”和材料的想法中摆脱出来。我宁愿滚向那个X，宁愿有所放纵，这就是为什么，我把“营造”定义为“有限条件下的自由放任”。在上述两个施工原则下，工匠获得可以把握的自由，他们从未被要求制作一个艺术品，只是在制作一个易被我们习惯的目光忽略的纯粹的建筑实物，一个房子。活干的琐碎而具体，却直接进入材料和技术。事实上，他们很少犯错，甚至比我干的更好，因为等价性意味着没有区分好与坏、对与错的必要。于是，决定性的设计开始不再是第一张草图，而是随时纳入眼帘的某个微小局部(图16)，往往非设计者意指所在，不刺眼也不激烈，却如指向我的一个箭头，射向我的一颗子弹，挑起的反应立即而剧烈。不是我的细节向房子有话说，而是做为偶发现实的房子对人“有话说”，这种话语的真实甚至让你不能思考，“摇到你的牙齿掉光”[10]。

学院建筑学只教过如何把一座建筑设计的正确，从来没教过如何把它设计的错

图15　在现场制作

图16　照相机局部

误；设计对我也许只是胡乱的开始，我唯一知道的是让工匠们在何处停止(图17)，并把这一切当做某种现成品和盘接受。在施工开端，工匠们有点茫然，头儿很认真的告诉我：“这让我们很陌生”，接下来就明白，停手的分寸即在一个东西变得“艺术”之前，于是就自信，否则很难理解他们渐涨的狂热，甚至干到忘记图纸。正是他们把“幻灯机”里的红门从木材换成钢板，并且提出构造意见和我讨论，而我的赞许使得工地从此变成不间断的构造讨论会(图18)，以至吴亮认为我给工匠们施了催眠术，使他们集体陷入某种持续的激情

图17　我唯一知道的是让工匠们在何处停止

图 18　营造中的幻灯机

之中。

后来，工地就到处丢着我的构造草图，被工匠们揉皱用碎的，如一地鸡毛。我不知道现场的真实性在什么程度上触动了吴亮，但在施工期间，声明在90年代不写文学评论的他，写作了一篇文学批评文章——《赝品的时代》。

戏剧化与戏剧性

我讨厌戏剧化的建筑手法，讨厌夸张，但我做的东西骨子里带着戏剧性。在和吴亮的大量对话里，我曾谈到少年经历，那些和一个剧团一起生活的十年，谈到我看戏的地方通常是在后台，对此，吴亮的一句话很精辟："别人看的是戏，你看的是排练；别人看的是布景，是视觉上的东西，你看的是布景背面的构造，你的设计是戏剧舞台的反向制作"。

换句话说，营造是对设计的反向猜测。四个月的工期里，时常会有些人，大多是画家，来现场转转，到处琢磨，有的随意，有的严肃。在我看来，无论是谁，孙良、何炀、胡建平、陈丹青、谷文达……，都是那个 X，他们的建议都直指、或者猜测着某个具体的实物，孙良坚持吧台应当用黄铜打造，吴亮希望出现一面红色墙壁，只言片语，甚至沉默，都渗透进画廊的建造，记得谷文达在现场就没说什么，但他走后我说了一句："这人身上有股子寒气"，这股寒气，差不多是零度的温度就留在了现场。营造于是成为对话，我更想说它是一种没有中心的合唱，需要掂量的是，如何使它们不是在交流，而是对现场的纯粹共鸣，以一次又一次的独白的形式，我希望这会使现场在琐碎之物的互相折射中丧失根源。所谓戏剧性，就是保留不说某物的权力。更为重要的是，如果说预定的整体设计必定是一套纯粹符码，实物的力量，也就是一种实物与纯粹的符码的距离所造成的诧异，一种可能性的意指事物将会随时爆发的场所条件，可能成就出色的城市场景。在这里，造型是次要的，实物被公认为平淡无奇，但它将在任何熟悉的理解范围之外，可能是最城市的元素，最具"创造性"。

造好的画廊是有体温的，人一少，就觉得冰冷。我曾经向吴亮建议，在入口挂块牌子，写上：顶层画廊，本身温度：接近零度；今日活动，例如第一次"红色"画展，温度：+100℃，或者相反。

实际上，这个地方从施工开始就在使用，大家都觉得这里越用越像是一个空的剧场，轮番上这儿彩排。我喜欢那些和吴亮交好的画家，他们都抱着一种绝对的好奇心，而画廊的那点东西，被当作某种机器制做，意味着它们不仅要被使用而且必需学会使用，像"幻灯机"和"照相机"就被不知多少人摆弄过，先到的就成了后来者的老师。有意思的是，在以后那些活动里，即使和艺术不相干的人，只要走进这里，只要接触那些东西，就不自觉的掉入某种戏剧角色，姿态就如亮相身段，如果能把人们的话声关掉，戏剧与生活就丧失了界限。

一个“个人”的回忆和想像会把时间性注入这个像中。后来，陈丹青对这里的一句描述四处流传：“这个画廊是为当代艺术家定做的一间拘留所。”一个用脚步丈量住所的人原本就是一个自愿的囚徒，他一直感到一种要退出社会的愿望；而画家王林，因为一个荒诞的理由度过了三年牢狱生涯，出来了，抚摸着“幻灯机”里的红色钢门手在发抖；画家何炀在这里很沉默，却用一张钢笔画描绘了他的印象：打开的“照相机”，站在画廊入口阴影里的应该是博伊斯，左边窗口是梵高，右边是杜尚，他们都目光犀利的凝视着他们的观看者（图19）。一个朋友的体会更叫我刻骨铭心：“这个‘盒子’（照相机），让我想起卡夫卡小说里的杀人机”；某一天，画家张隆冲着它发呆很久，突然对我说：“我回到了中世纪”。

图19　以照相机为场所的钢笔画
作者：何炀

时间的迷思

说到这个地步，如果有人问我：“画廊设计开始于何时？”我无法回答。开始于我和吴亮的第一次相遇吗？开始于第一次面对现场？开始于十二米的旅程？开始于童寯先生对业余营造者的赞许，还是开始于他坐在漆黑的家中，一边听《命运》，一边老泪纵横的时刻？开始于李渔的写与做？[11]开始于《去年在马里安巴德》？开始于杜尚？开始于博尔赫斯杜撰的，却又无比真实的《中国百科全书》中的“动物分类法”[12]开始于建造住宅、修剪花木的维特斯斯坦？开始于我对那个电焊工匠劳作的凝视——他只是在做东西，却染着某种光彩，让人不安？我不知道。也许房子造的是空间，更是关于时间的迷思。

在一个四人参与的扑克牌戏里，X即是纯粹的偶然，只是一个尚未命名，不可归类的角色，尽管那个X的存在是确切无疑的。

注：本文所用照片均由同济大学建筑城规学院博士沈益人拍摄

注释与参考书目：

①参见[美]唐纳德－贾德．巴尼特－纽曼．中的意见：“纽曼的绘画是一个整体，而不是另一个整体的一部分”。引自．现代艺术和现代主义．上海人民美术出版社

②参见[法]罗兰－巴尔特．结构主义——一种活动．引自．西方文艺理论名著选编．北京大学出版社

③引自[法]罗兰－巴尔特．批评与真实．上海人民出版社

④引自[法]罗兰－巴尔特．明室——摄像札记，台湾摄像季刊

⑤同上

⑥“在《去年在马里安巴德》中，只有一个时间，即没有叙事时间，只有一个半小时的影片时间。”引自[法]阿兰－罗伯－格里耶．我的电影观念和电影创作

⑦引自[美]卡勒尔．罗兰－巴尔特．在他看来，“这两种策略——，是巴尔特特别关心的事”，三联书店

⑧引自[德]胡塞尔．哲学作为严格的科学．商务印书馆

⑨参见[法]卡巴内．杜尚访谈录．文化艺术出版社

⑩禅宗语录，参见[法]罗兰－巴尔特．符号帝国．商务印书馆

⑪参见拙作．造园记中对李渔的讨论，建筑师(86)

⑫参见[阿根廷]博尔赫斯．探索续集．在我看来，他的这个“动物分类法”比现实还要真实，印证了“实例与意念不分的观念”，引述如下：“动物分为[a]属皇帝所有的，[b]涂过香油的，[c]驯良的，[d]乳猪，[e]塞棱海妖，[f]传说中的，[g]迷路的野狗，[h]本分类法中所包括的，[l]发疯的，[j]多得数不清的，[k]用极细的驼毛笔画出来的，[l]等等，[m]刚打破了水罐子的，[n]从远处看像苍蝇的。”

王澍，同济大学建筑学博士，现在中国美术学院任教

材料的光辉

董豫赣

即便照片真能剽窃建筑作品的精髓，文字却还不能。甚至对文字的翻译也难于精确对等。一篇介绍赫佐格与德默隆新近作品——加利福尼亚的纳帕山谷的一座葡萄酒厂的英文标题STEEL, STONE AND SKY(THE ARCHITECTURAL REVIEW, OCTOBER 1998)的韵与力就很难汉译。更甚，对于该文反复出现的"GABION"一词在英汉词典中所提供的两种——(1)"石筐"，(2)"石笼"——译名之间的择一也迟疑了。关于该词进一步的注解却是共同而肯定的：

"盛有石头的金属筐，筑堤、坝、码头等用。"

以这种使用石头与金属材料的方式在克里金·吉曾的弧形鹿特丹废物填充隔声墙中已有过表达。赫佐格与德默隆的酒厂将这种经济性的工程技术提升成一种诗意的个性建造，他们以更为理性也更单纯的方式使用着自然状态的石头与工业金属(图1)。

石头

石头的利用在石器时代主要是工具性的(如石斧)，对于这种存在，海德格尔认为石头消失在斧的有用性当中，紧接着的阐述就切入建造："恰恰是在神殿首次使建造的质料涌现出来并进入作品世界的敞开之境。有了神殿，有了神殿世界的敞开，岩石才开始负载、停息并第一次成为岩石之所是……"如果这里的"神殿世界"可以容纳多种上帝并对教堂也可以敞开的话，曾经成为过岩石"负载"、"停息"之所是的材料处置方式已有过多种：古埃及金字塔对石的水平砌筑；古希腊柱式对石的分段叠加；哥特教堂的石肋券对石的精雕细镂；……

图1 自然状态的石头与工业金属

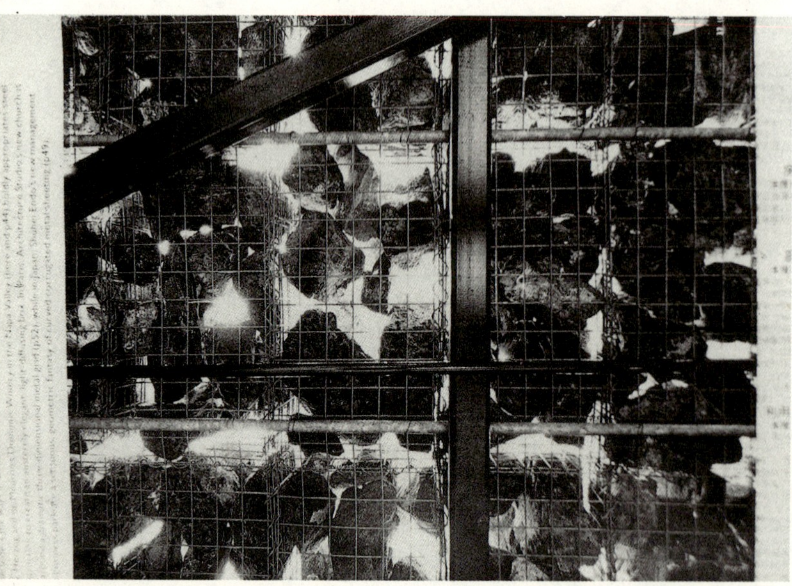

它们确已从石斧对石材勉为其难的锋刃处夺回了对它本性的使用：负载并停息。与此同时，石头在建筑中渐次远离了原初形态并渐次消隐在金字塔的平砌的连续表面，神庙的柱之比例，哥特教堂肋券的镂笼当中……尽管古罗马在其间曾增加过一种石头在混凝土中作为骨料的另一种处理方式，但也更加间接而远离了石头原初物质性样态。

现代技术加剧了种种物质的这种疏间隐匿的速度：矿物在冶炼过程中锻成金属；石头在粉碎了物质性后被剂物添加成混凝土；沙粒在加工中成为无色的透明玻璃……向物质的回归近些年来在艺术领域内开始觉醒：被奥利瓦归为"超级艺术家"的戈尔德斯坦因在《更为散文化语境中的艺术》一文中首句宣言就是"当前艺术向物质的回归是一个典型的观念性本质"；同一派系的昆斯则追根溯源："物体复兴的原因之一是人们在寻找某种看到自己反映于其中的东西，能有某种熟悉感的东西，或至少唤起一种亲切的东西。"

这样一种典型的观念在赫佐格与德默隆的石头之间不但以其熟悉的原态唤起一种亲切还唤起了某种石器时代遗存的对物的原始敬畏。

也许我们还是低估了建筑师与现代艺术的观念性关联。一本由帕科·阿西诺(PACO ASENSIO)编辑的《极少主义建筑》(THE ARCHITECTURE OF MINIMALISM)的专辑里，极少主义雕塑家贾德的作品与赫尔佐格及德默隆的作品沃尔夫信号楼(SIGNAI BOX)并置一处。

如果沃尔夫信号楼外部包裹的铜片材料所形成的“法拉第屏罩”与其屏隐人类的直接交流的电信媒体功能有所对应；如果在他们所建的瑞科拉厂房的立面上那些重复复制的叶片如化石般开始显影出一些残存在工业制造间的自然材料的印痕，在此处的葡萄酒厂建造中，石头则完全复原了它们原始的自然材料的形态。也许这还只是我个人在这几项作品基于自然材料的显隐视角处寻找的一种也许并不自然的关联。当评论开始时，惯于(也许乐于)流露笔端的“质疑”一词之前就开始了迟疑：我怀疑建筑师在这一系列建造活动中对于材料表皮的态度并非出自哲学式质疑而是源自于雕刻家式的静观，科学家的详析，对材料要素逐一进行实验，并静待它们以多种样态组合方式的结果展开，以此可以与他们所精心策划的看似简单的功能性平面的组合之间发生准确而富于魅力的对位关系。

平面与功能

葡萄酒厂140m长25m宽的两层简单盒体的平面承传着密斯式的简洁(图2)。它们在底层被两条覆顶的通道分割继而联系着三块功能性区域。北部包括两种年限的酒窖、酒窖控制室以及品尝间，它们顶部二层是管理办公区域。所有其他领域皆为两层通高：中段的大酒桶房间以及南端的仓库及栽培设备间，在它们的顶部以带有多部楼梯的大通廊与管理办公部分保持着便利的联系。

北部入口与联结着高速公路并穿过葡萄园的东西向主要道路连成直线(图3)。露天柱廊在此处仅以两根钢柱限定并延续着外部道路两侧低矮的柱列，它们创造出抵达酒厂每一主要空间入口的前序部分。南部入口提供了介于大酒桶房间与库房之间一处带有屋顶的装卸月台，同时也可以作为装瓶或装箱工作的露天空场。

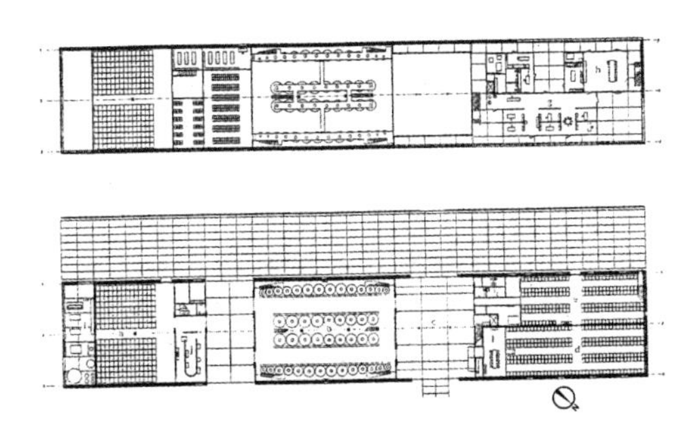

图2　葡萄酒厂平面

这座严格依据经济性建造的酒厂内部所使用的是惯例的混凝土地板，现浇的混凝土梁柱以及预制的混凝土屋面板。甚至最为独特的外墙立面形式也可以看作是对“形式追随功能”这一惯常信条的重申。如果我们不是以宿命论的观点看待这一信条与形式僵化后果的必然因果性，那么形式在追随这不断演化发展的功能过程中本不应当承担着形式僵化的非难，并且技术本身的发展所导致的对于材料的新的处置方式也可以成为形式的功能化处理的有益补充。

假设并不有一种材料的使用终点并非寓言。

密斯最早在亚琛主教堂里充当祭坛助手时最多接触的不是上帝而是砌筑教堂的石头，当他随后在他父亲的石作坊中接受了对石材的系统训练之后——尽管他后来声明，从精神角度而言，建造材料无关紧要——他从厚重的石墙背后发现了当时被普遍隐匿起来的钢，并从那时的石头／钢的组合中意外地扬弃了石头而取代之于当时尚不普及的玻璃。这种重新组合在他随后的建筑中能表达出马列维奇的至上主义的——“无主题的，纯净的世界，所有的物体全消失，只剩下材料的质量”——之中担当头角；消失了的玻璃，剩下了的钢材质量。

消失与剩下的过程并未中止。

密斯在洞察到现代建筑功能的日益变更，他以玻璃／钢所精简出的“纯净的”万能空间既可看作是对这种功能迭更的机智反应也可当成是一种漠然处置；既可看作是对材料标准化的极端弘扬也可成为形式追随功能的最大反动；在他终于能在不同功能的建筑中塑造出自己个性化的材料本性的空间特征时也消失了同一特征下不同建筑的各自特征。

赫佐格与德默隆深刻了解这种矛盾的境况，当他们试图缓解这些自本世纪以来一直困扰着建筑师们——存在于世纪初穆

图3　葡萄酒厂北部入口

泰苏斯与凡·德·维尔德、存在于密斯与赖特、甚至柯布西耶早期与晚期之间——关于标准化与作品个性之间的对立程度，当他们越过经验的樊篱对此作出解答时，却回到了一种荒谬的材料起点，一种古典的材料组合：石头与金属。

石头与金属

从瑞士进口的金属筐在现场被支架成型并浇入混凝土梁及板中的不锈钢索上得以固定，当地的玄武石块以三种尺寸分别盛放进这些金属筐当中。镀锌的钢筐对于其间原态的石头而言是作为框架而存在的。

技术与框架

海德格尔不厌其烦地对一些普通名词的反复追问才提供了我们对这些名词不普通的关注。“技术”与“框架”正是他惯常提及的两个名词。他认为从材料的工具性和人类学方面尚不足以揭示技术的本质。他援引柏拉图在《乡宴》中的一句话来考证技术的成因：“使无论什么出乎不在场之境而前趋于到场的一切起因，乃是POISIS，即‘产生’(HER-VOR-BRINGEN)”，这种产生正是海德格尔称之为“去蔽”的“技术”定义。

而“框架”在海德格尔看来意指强迫性的聚集。它以人们勒令的方式使得技术可能再次回趋于一种“遮蔽”状态，这是当他把技术的去蔽性定义从早期技术拓展至现代时所必然遭逢的矛盾。在他追问现代技术与现代物理学相互关系的基础时，不得不在“技术”与“框架”之间引入一个中介的复合名词：“定位——储备”。当现代技术能够经由冶炼而使矿石的负载性被定位成金属的可延展性的储备；当块状的石头被粉碎并经过技术处置成为粉末状的粘着性水泥时，材料在技术处置中不是去蔽而是被遮蔽得更加了无痕迹。

正是这个原因，海德格尔把“技术”当作是对框架的“挑战”。赫佐格与德默隆通过颠倒钢筋混凝土的现浇过程接受着挑战：在混凝土中被粉碎的石块还原成未加工的初石模样，在梁、柱、板中被混凝土现浇所隐匿在内的被编扎成“筐”的钢筋网抖落尘埃凸显在外部的阳光之下熠熠生辉。如果它们曾在伯鲁乃列斯基的佛罗伦萨主教堂的穹顶底部那根箍绑石肋券的金属链条上偶然闪耀过的话(我怀疑这可能才是它屡受电击的原因而非瓦萨里所说的是上帝的嫉妒)，赫佐格与德默隆在此则以一种更加简朴的方式在较大规模上重申了金属与石头两种材料的新型组合方式，复现了一种并不完全的理性光辉。他们并非是要将材料带回到所谓创生的初始状态，而是确定了个性化加工处置(石头)与标准化产品(金属框架)之间如何可以获得一种意味深长的既区别又有所联系的境况。他们通过对钢筋混凝土技术产品在惯例构成方式的终端处进行了有效的干预，就此确保在建筑中石头与金属材料的那种在物品中消失了的弥足珍贵的物性得以重现冥思的辉光。

金属框架实际成为外壁真正的支撑构件，其间覆满了单一尺寸的900 × 450 × 450的次一级框架。在这些次级金属框架内三种尺度的金属网格被使用，最大的网眼是75mm见方，一种中等尺度的金属网用在外墙底部以防止葡萄园中的响尾蛇从填充的石缝间爬入，最小的5mm见方的格网被当称栏板或悬挂的天花使用。

相应地，三种等级的石块在金属格网中谨慎地对应着它们或屏或围的功能空间。在大酒桶房间，通过将惯常的外墙隔热层移植给大酒桶本身，空间可与它所联结的那些带顶的室外空间具有相同性格：墙壁仅仅与屋顶一样充当着雨罩，一种最大的石头在此处最大的金属网眼中得到密度最小的填充，粗砺的石间缝隙过滤着加利福尼亚地区充足的阳光并引入微熙的和风。在白天它们就此成为内向的风与光的石屏(图4)；夜间，室内的灯光向外滑过石缝闪烁着一种余烬般的微光。较小的石块在金属网中填充成一种较为密致的蔽体封围着酒窖以及库房等区域，以利于在这些对湿度比较敏感的区域进行气温调控。在酒窖内部，这种石块置换了更为密实的混凝土地板，充当着橡木酒桶可被支承的枕木之下的垫层，土壤中的湿气能有效地渗过垫层以促进葡萄酒的酿造进程。另外，同种材质的更小的碎石铺设在屋顶作为一种热能缓冲层，以确保这幢建筑物的隔热。

建筑中唯一使用机械制冷与暖通设备区域是二楼的管理办公部分(对于这片空调王国的土地上这样的建筑本就有种卓然的意味)。它们被平板玻璃谨慎而严密地封围着，它们与金属丝网的精致柔和以及石块的粗糙肌理复合成幻觉般的材料效果(图5)，在北向二层这些玻璃体后退2m，以创造出一种可供俯瞰葡萄庄园的室外露台(图6)，并且这种退凹也在整个长向的北立面粗犷间切割出一窄条反射着天空的光滑壁面。如果理解不曾失准的话，那幅“STEEL, STONE AND SKY”标题中的“SKY”可以作为玻璃材料的一种有可依据的置换。

我愈是想准确地汉译出这座酒厂的名称就愈是迟疑着：这座名为DOMINUS的酒厂隶属于业主CHRISTIAN MOUEIX。尽管我可以将DOMINUS音译成多醚勒思，然而它的词义与CHRISTIAN有着相同的“上帝”含义的事实使我不敢相信这只是人名与酒名的偶合，也不能肯定它是否可以译为“上帝”。

正是在对待材料的层面上，我尝试着理解密斯细部里的上帝以及康敲砖而问的玄机，对于砖如何以较小尺寸构筑大的跨度而言，拱过去是现在是将来仍是最基本的砌筑方法，它的材料构造就此超越了时间而具有本性的恒常，康也就可能在这恒常中拜谒同样恒常的上帝。基于同样的恒常性，密斯在玻璃与钢细部中也可能会晤过更为精确的上帝。我相信赫佐格与德默隆在DOMINUS酒厂的朴实而亘古的材料细部中见到的是物崇拜时期更为多泛的上帝。

建筑师在此对待建筑材料（石头与金属）的气质仿同于画家修拉之于绘画材料（颜料与画布）——当修拉将传统的在调色盒里的调色过程直接挪至画板上进行，当他在画布上布设着原色的小笔触以造成远距离的自动混色的效果时——赫佐格与德默隆在DOMINUS酒厂中也分解了钢筋混凝土的基本元素，金属框架内填充着的原始石块，它们以并非承重的方式在退至葡萄庄园的广阔中开始描绘出墙的厚重，冷漠的几何性。它与天空、大地间保持着简单的交接，仿佛从裸露的葡萄园中直接升起。屋顶纯粹的水平线（图7）与背景群山起伏不定的天际线间发生着对位关系，仿同自然形态的葡萄枝从属于严格的葡萄庄园大地栽培的几何性，开始缔结一种基于大地的理性秩序。

在这样的理性当中，当葡萄枝生发之季，一些青藤也许会爬上石壁给于石隙以可被直觉的绿意生机，或许随着时光的积尘于石隙间，风也可能布种于这尘埃，在几岁枯荣之际，这幢石壁的建筑有可能消褪于一片葱茏当中成为庄园景观的起伏部分。

董豫赣，北京大学建筑学研究中心讲师

图4　石屏

图5　幻觉般的材料效果

图6　室外露台

图7　屋顶纯粹的水平线

徽州儒商私园

陈 薇

徽州位于皖南山区，是一个历史悠久并且有着相当稳定性和独特性的区域。早在秦始皇统一六国时，这里即设黟、歙二县。明清徽州治歙，领歙、休宁、绩溪、黟、祁门、婺源六县。徽州从宋始经济、文化起飞，至明清两代达至高峰。尤其在明成化年间，徽商改变盐法而腾飞于商界，经济蓬勃发展。对此明代著名戏曲家汤显祖曰："欲识金银气，多从黄白游；一生痴绝处，无梦到徽州。"徽商的再度崛起和财雄势大，带来明清徽州私园的勃兴。

自宋至明清八百年间，总体来说，由于历史文化的原因，徽商是支贾儒结合的商帮。"行者以商，处者以学"，"虽为贾者，咸近士风"，被人们冠以儒商之称。他们往往长年浮泛于浩渺江海，久客不归，"重经营轻别离"[①]，晚年则知还逸老，欲求息肩，雅志村泉，共叙天伦，筑室建园。这种私园常和家宅及生活联系一起，或于庭园之中，或立住宅之旁，却都清爽宜人，以树木或盆景为主，以井泉水池为中心。

另一方面，徽州儒商在以某地理环境居住生息时，常以家族聚居为特点，"每一村落，聚族而居，不杂他姓。……乡村如星列棋布，凡五里十里，遥望粉墙矗矗，鸳瓦鳞鳞，棹楔峥嵘，鸱吻耸拔，宛如城廓"[②]。此为历史上北人南迁图存发展所导致。所以往往我们看到一个村一个姓，如歙县许村许姓、呈坎罗姓、棠樾鲍姓等等。如此村落，实为一大家庭的聚居地，一户建私园全村族人共享。此特点是徽州私园的突出之处，它往往成为村庄的公共场所和充满活力与生气的地方。

图1 歙县西溪南果园遗址之一——水池

再则，自宋至明清，徽州由于山多田少，多出外经商而成为客商。他们致富后以家乡风格、传统工艺建园以满足客居他乡的生活和精神需求，成为特殊的徽州私园一支，尤以扬州为最。万历《扬州府志》中提到"内商多徽歙及山、陕之寓籍维扬者"。据光绪《两淮盐法志·列传》记载，从明嘉靖到清乾隆期间移居扬州的客商共80名，徽人占60名。这些徽商购地建园，不惜巨资。扬州的著名影园、休园、嘉树园、五亩园，园主都是歙县客商。《扬州画舫录》记载康熙年间8座名园中，徽商营建的就有影园、南园、筱园3座。而从风格上考察，徽商在异地的私园建造，也影响了扬州园林，这也是我们理解扬州园林风格不同于江南一般私园的原因之一。这正如陈去病在《五石脂》中所说："徽人在扬州最早，考其时代，当在明中叶。故扬州之盛，实徽商开之，扬盖徽商殖民地也。"

从这几方面考察徽州儒商私园，这使得我们能从整体上理解它既有古朴田园风光，又超越一般农人的境界；既是世外桃源，又带上奢靡之态的多重表现。

1. 园圃村居式

这类在文献及目前留存下来的私园中占有一定的比例。

《太函集》载休宁吴用良"舍后治圃一区，命曰玄圃。居常艺花卉树竹箭，畜鱼鸟充牣其中，每得拳石、巉岩、蟠根诘屈，不啻珊瑚木雕"。"其客虎林，受一廛吴山下，竹石亭榭视玄圃有加。"

《歙县志》潭渡人黄晟"家有易园，刻《太平广记》诸书"，其弟"家有十间房花园，容园，别圃。"

《歙事闲谭》载：明嘉靖中，"吴天行，

亦财雄于丰溪，所居广园林，侈台榭，……主人亦自名其园曰果园”（图1、图2）。

歙县方中茂寓迹吴越近三十年归里后，选胜筑室建园，称“忘乐园”，编篱种竹，杂植梅桂，四时芳香。③

这种园圃村居式，有于宅后的，如现徽州区呈坎村的罗会灿园；有于宅侧的，如歙县许村一私园，现为医院属地；有和宅隔巷而望的，如呈坎的罗石榴园（图3），此园以井池为中心、竹林为园圃主要内容。也有一如记载中的山庄式，如泾州“莘野家风”山庄(图4)。

泾州的“莘野家风”山庄，据载为朱氏迁泾后而为。道光五年（1825年），十世孙所撰的《摹勒未耑公墨迹记》曰“十世祖未耑公始迁黄田，构山庄，颜曰莘野家风。其阴则静观自得四字。皆公手书輙。笔法用欧阳率更体。稍参圆秀。瘦不露骨。迄今阅二百余载。”这样推算，该山庄应建于明末。又据《莘野家风记》文中可知，该山庄“意专乎致用。伊伊躬耕乐道。辞弊聘。……惟莘野者隐居之祖也。后代诸葛武侯似之。武侯在南阳。先生倘未亲顾，则讴梁父吟。萧然自得。必不肯贬身以求合。”可见以“莘野”作为“家风”的用意。

莘野家风“构庄数椽。介村之隈隩。陂陀环焉。究旗两峰。连接檐外。朝旭夕霞，丹翠相会”④，选址甚佳。从“莘野家风图”中，相应可见此近陀远峰以环抱的形胜。建筑不多，主要是“莘野家风”一组建筑和相邻的“映香书屋”及隔池而建的“和睦岭”。却是“有山锄笋，有沼蓄鱼，有草树葱茏可娱。田二顷，当其口，课禾稼。近依门闾。因别字志耕寓意。并以莘野家风颜所居”⑤。这种有一定实用效能的山庄，是园圃村居式徽州园林的重要特性之一，但如此“公独闭户黯淡，岩栖谷汲，行洁寡营竞，而澄心鉴物”，还是有追求的，“虽放怀丘壑，尤务积德，垂贻谋就此题舍，用示畎亩中未始无经纶。呜呼。公之志于是乎深远矣。”⑥

这种园，接近农人生活，但又不同于一般完全实用的菜畦、果园、鱼沼、农田，往往以林木或井泉为畎亩中心，以畦田为辅，邻接自然，有路作连接，环境安静具真趣，是聚族而居“宛如城廓”中的小天地。

2. 住宅庭园式

更小的天地作为私园的，便是住宅中的庭园了。这是徽商在“粉墙矗矗”中见缝插针、以觅雅趣的主要方式。这种庭园规模较小，大者一二百平方米，小者几平方米。与住宅紧密结合，紧凑而活泼，尺度宜人，并借助矮墙、漏窗、门洞与外部山水有视觉上的连通。庭园依和住宅的关系，而有前庭、中庭、后庭、侧庭之分，大小各异，形状有别，朝向不定，但一般庭园中多摆放盆栽、盆景，或种有花木、置有水池和景石等，比较随意。

图2 歙县西溪南果园遗址之二——假山

图3 徽州区呈坎罗石榴园

图4 黄田泾州“莘野家风图”（张香都朱氏续修支谱卷三十六）

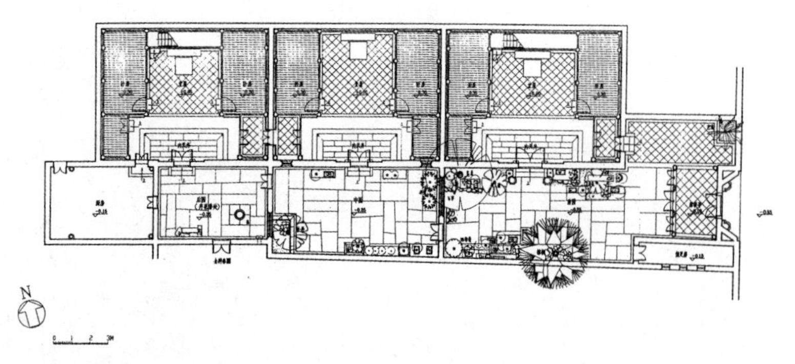

图5　黟县西递西园总平面图

图6　黟县西递西园前园景致

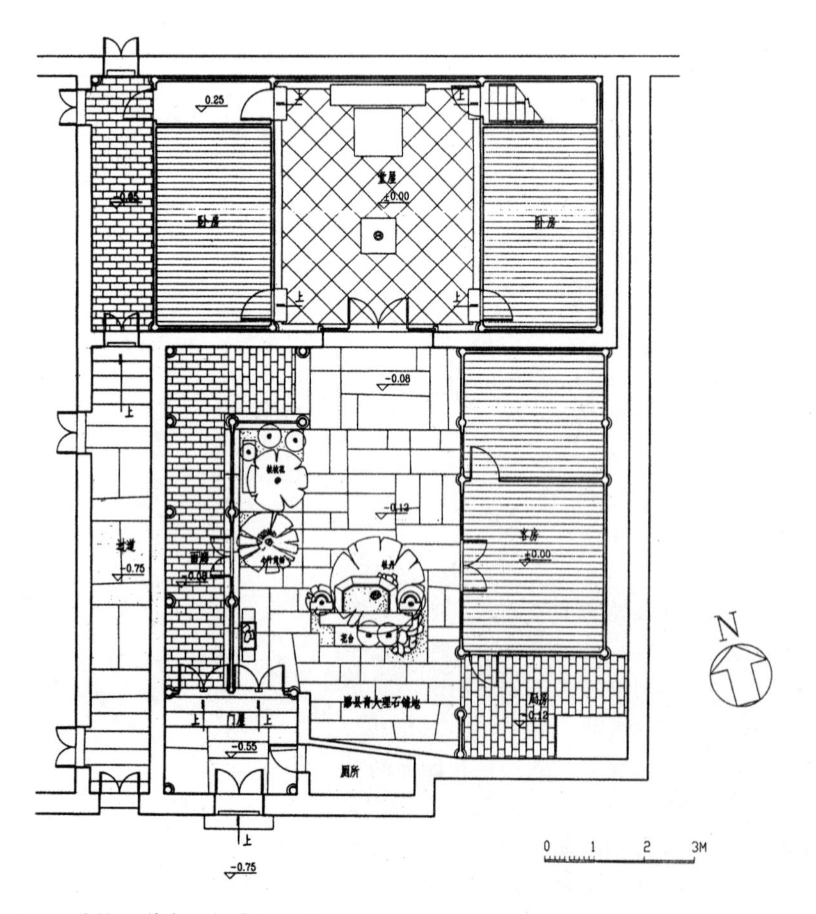

图7　黟县西递青云轩庭园平面图

黟县西递的西园(图5)，用一狭长的庭院将一字排开的三幢楼房连贯成一个整体，在庭院中又用隔墙、门洞、漏窗将院分成前园、中园和后园，园中植树栽花、敷设花台、假山、鱼池、盆景，庭院有幽深之美(图6)。西递的胡光亮庭园也用路联系三周的门，并组织起大小各异的景区，庭园四周围以回廊和落地隔扇，南有大门通向巷道，透过矮墙可以远眺群峰，空间不大却开敞。

青云轩是黟县西递村民宅的一幢布局小巧的便厅，原属民居之附属部分，现独立出来对外开放。始建于同治年间，距今120年左右。主人先前在北京经商，此建筑格局采用四合院形式，可能受北京四合院影响。青云轩门庭园以牡丹花台为中心(图7)，入大门左侧有假山，余盆景散置，情趣盎然。青云轩庭园之月洞门和牡丹花台设置，取意“花好月圆”(图8)。

桃李园也坐落在黟县西递村中，位于一所小巧玲珑、有前中后三个厅堂组成的三间楼房之侧。主人是清代秀才、私塾先生胡允明，建筑为教书授业之用。园曰桃李园，取“桃李天下”之意。园有花台，四时花不断；园有水池，池泉独不浊(图9)。若远观，则山岚苍茫；近亦有绣楼在望。

德义堂在黟县宏村，宅院坐南朝北。建筑建于清末。上为楼下为厅堂，厅堂前16扇门窗可开启，一扇小门有联曰：“池中岁月色，庭上放书声”。堂前和堂侧有三处庭园(图10)。堂前以一方池塘为中心，池两边为石条凳，另一边为院墙，还有一边则为隔池对景的小水榭。水榭左侧为大门。建筑小巧精致，庭园熠熠生辉(图11)。其西侧和东侧为开敞的花园。东西花园均用地较大，内植果木，有小门和居家及外部联系。西花园除树木外，还有石花台、石桌。繁花疏木设置有序，山茶花、桃、梨树有

图8　黟县西递青云轩“花好月圆”

图9　黟县西递桃李园花池之景

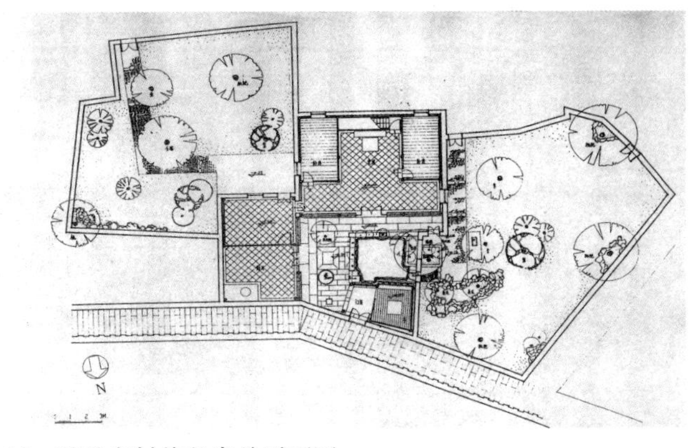

图10　黟县宏村德义堂总平面图

色有姿，背衬德义堂山墙和水院院墙，成为精致画面。自主院而西，一为水景，一为树色；一因主体房屋面北而使园狭而暗，一则因白墙生色更显园之明亮。两相对照，互生意趣。

黟县宏村承志堂，是一多进深、多轴线的大户。在西南隔墙临街的拐角处，有一方小天地，以鱼池为主体，池北和池东为屋之檐下和廊下，有美人钩阑，曰鱼塘厅。凭栏下俯，池中天光浮动、鱼影千转。池北还有几阶踏步自檐下伸至水中，可方便取水，这一细部就道出与一般私园不同处，乃具实用功能(图12)。

歙县棠樾的遵训堂私宅庭院，具徽派风格。遵训堂为鲍启运建于清嘉庆年间之私宅，正房毁于太平天国之役，现仅存东侧隔一弄的“存养山房”和后进的“欣所遇斋”。两处均为厅堂，用一面极大的花窗相隔，在这个花隔墙和“欣所遇斋”所形成的庭院中，徽派盆景构成主题(图13)。“欣所遇斋”之“欣所遇”三字出于《兰亭集序》。漏窗随云影光线变化、风声际耳，道出“当其欣于所遇，暂得于己，快然自足，曾不知老之将至”的境界[7]。这种小庭园的私园以漏窗融合景色，为徽州私园另一重要特征。

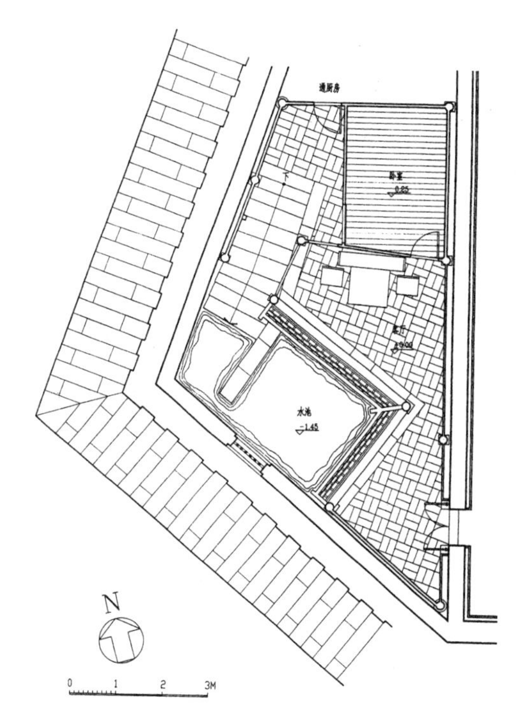

图12　黟县宏村承志堂鱼塘厅平面图

宅第庭园往往是面积不大的小空间，或建筑围合而成，或建筑间墙而就，简单，规则形居多。但通过树木、花卉、水池(井)、建筑及细部的巧妙安排和处理，具有了情趣和景象。在众多庭园中，矮墙、漏窗、门洞、廊庑、槛窗、隔扇，敞厅等，成为因借远景、巧纳近物的手段。而植物则很少

图11　黟县宏村德义堂水院

图13　歙县棠樾遵训堂宅院的花窗与盆景

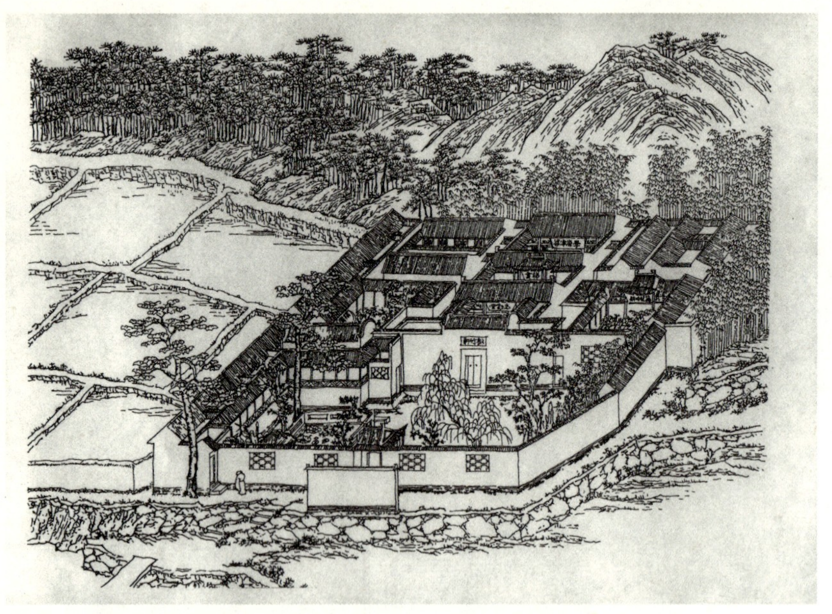

图14 黄田泾州“松竹轩图”（张香都朱氏续修支谱卷三十六）

图15 歙县唐模小西湖现状一景

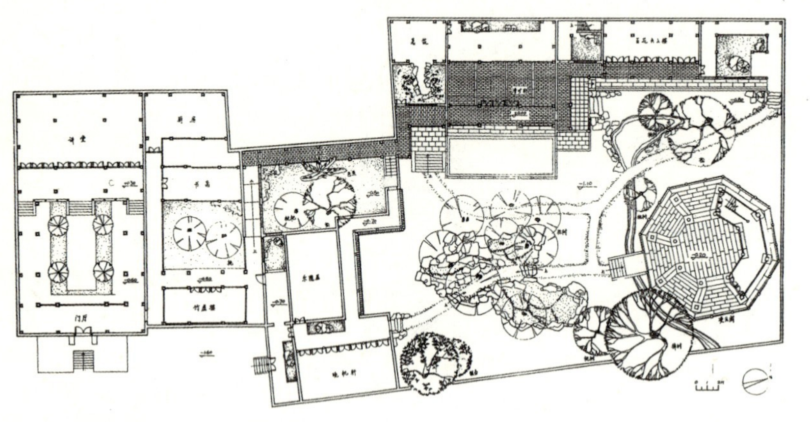

图16 歙县雄村竹山书院总平面图(北侧为凌云阁庭园)

冠大荫浓的乔木，多为小乔木、花灌木，如竹、石榴、枣树、山茶花、棕榈、天竹、黄杨及藤萝等，或摆放盆栽，形成耐看的近景。泾州的“松竹轩图”各庭院可谓徽州庭园之注解(图14)。

3. 公共园林式

徽商富贾往往于去不数里的村口或郊野择地建公共园林。所谓公共，乃建者为私人，而用者为族民。比较典型的有歙县唐模的檀干园、雄村的竹山书院园，歙西徐氏就园、郑村村郊园林、呈坎罗家花园，黟县的琳沥书院、西递村口胡家花园等。

唐模村头檀干园，据《歙县志》记载：“昔为许氏文会馆，清初建，乾隆间增修。有池亭花木之胜，并宋明清初书法石刻极精。鲍倚云馆，许氏双水鹿喧堂，时常宴集于此，题咏甚多。程读山诗注言：‘檀干园亭，涵烟浸月’。大有幽致，鲍瑞骏题二额，俗称小西湖”[8]。后鲍倚云馆倾圮，唯檀干溪右侧小西湖中的镜亭独存，亭与长堤、玉带桥相连伸入湖中，把曲折的湖面分割得灵秀、妩媚。原来周围植有檀树、紫荆等花木，还有桃花林一片，镜亭存半联“喜桃露春浓，荷云夏净，桂风秋馥，梅雪冬妍，地僻历俱忘，四序且凭花事告”，道出曾有的四季景色。毁掉的许氏会馆原坐落在镜亭隔溪相对的平顶山的余脉上，地势高爽，视野开阔，为登眺佳处。文士于此吟诗作画，何等儒雅。该园湖水之源乃檀平溪，平顶山上古木森森，苍蔚蒙茸，伸向黄山余脉。园就真山真水而成，自然朴素，清新宜人。它又与村口牌坊、环中亭、板桥、风水树等相呼应，构成无分内外的天然景色。十几年前甚至几年前考察时，檀干园虽仅存遗迹，但风姿依稀可见。然而去年调研时，檀干园已重修，沿村口进去，只见高墙包绕，镜亭也被修成较大的屋顶(图15)，疑为破坏之举。

竹山书院为雄村人曹干屏、曹映青兄弟所建。曹氏清初即为盐商，至干屏父时已大富，建书院时实源于贾资。书院建成后，至清乾隆年间已是村中游胜之地。清代诗人乾隆戊辰进士曹学诗在此游览后作《清旷赋》：“畅以沙际鹤，兼之云外山”，道出此地情景。私园部分为与竹山书院相连的凌云阁庭园(图16)，位于渐江的桃花坝上。庭园开敞处建有凌云阁，高耸俊秀，为远眺之处，于此，山村烟岚、清流舟楫，皆收眼底。余有清旷轩(图17)、曲廊、平台、百花头上楼等建筑，布局曲折，富有变化，或隔以花墙，或通以门洞，或半廊倚墙，或片石成峰(图18)。整个园林部分敞幽自如，高下成景，园中又栽有丹桂、素梅、玉兰、石榴、山茶、银杏等名木佳卉，园右还有小轩，凭槛停憩，可望江景。又是一处借景自然、融内外一体的私建公共

图17 歙县雄村竹山书院凌云阁庭园清旷轩

园林。书院正厅有联："竹解心虚，学然后知不足；山由篑进，为则必要其成"。亦可见徽州儒商心态和心境。

另一处有详细记载的，是黄田泾州的"绿竹山房"(图19)。绿竹山房建于嘉庆初年，起始只田庄数间，未构园亭，十余年后，已是藩垣榱桷，崭然生色。"惟兹地越三五日辄一至，至则酌酒联吟，团坐竟日。或月挂松顶，虫鸣草根，顾影徘徊，欲起仍止"。可见是一公共园林。绿竹山房建造之意，主要是"且竹之为物，虚心而直节，操行比君子。其丰姿潇洒，又于山林宜。故独取焉"。[9]其所处环境又是一片绿色，故名。

该园"规三亩之地以为园，凿陂塘起亭阁。莳花种树，啸歌其间"。建筑是"藉先人余业，有山一笏，作室于其阳，向北皆五楹。为读书所"。布局为读书所"前则池，围百弓许，中植芙蕖。桥阑屈曲，覆以檐灰。斜转而西，风轩所敞。长松万株，觌面相揖。旁多隙壤，名葩美卉之属，无不备"。园内植物是"尤工莳菊。每开时，灿若云锦。墙北数十步，丙舍在焉，筼筜拥翠。凉风飒如"[10]。

从图中可见，绿竹山房、听涛轩、风轩几成轴线，绿竹山房和听涛轩围合成院落，它们和风轩由曲折桥廊连接。建筑又和院墙围合，形成多重院落。或以竹、蕉，或以松、菊，或以梅、荷为各自主题，形成景区，却都是文人喜好。景区之间或门窗洞开，或廊桥过渡，园内园外又是漏窗排开，墙折有度，和自然融为一体。

对此情此景，《绿竹山房记》的撰者曰"揽袖盈爽，凭栏适神，遂怡然涣然而不容已"。于是他在稍得买山之资后，"于山房左右，别增小筑，共结幽邻"。这大概就是"绿竹山房图"中左侧简居的来由。于此，"二分水，三分竹，徜徉肆志，用偿夙愿而惬真乐"[11]。

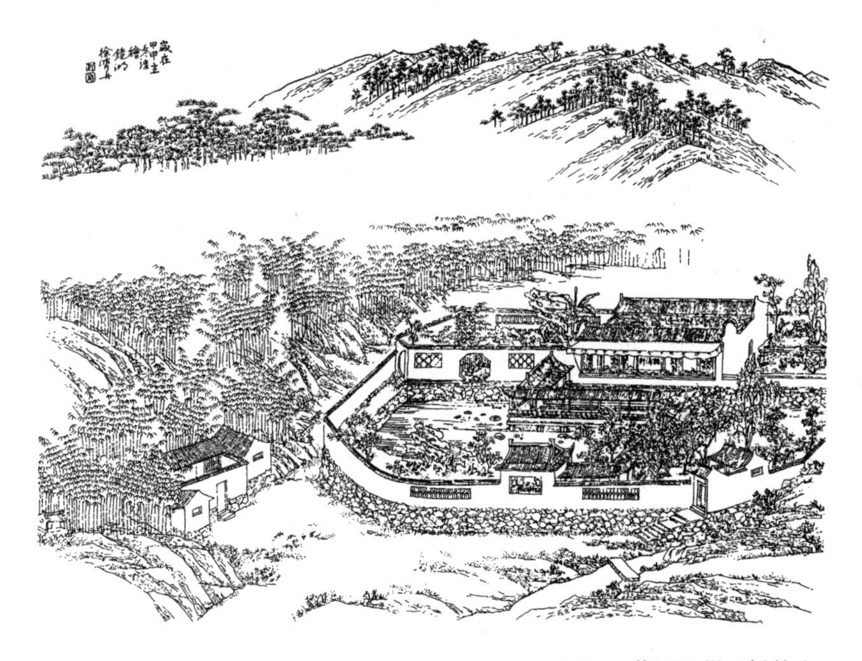

图19 黄田泾州"绿竹山房图"(张香都朱氏续修支谱卷三十六)

4. 徽商私园在扬州

徽商建园林于扬州，著名之一是南园，由歙县人汪玉枢营造。汪玉枢，字辰垣，号恬斋，少时便能诗，成山林之性。南园之盛，由汪氏始。他常于南园以诗会友。至玉枢七十岁时，于群松环抱的山堂中，作重九会，是时有北雁去来，霜鬓畂黄花开谢，无疾而终。

南园于扬州府南门外，南湖之旁。旧时是九莲庵故地，为转运何煟所建，因何煟是浙江山阴人，熟悉兰亭修禊之俗，故选择此地流觞诵文。汪玉枢建南园后，景致

图18　歙县雄村竹山书院凌云阁庭园石景

大变，许择此地乃性情所致，曾有三十六人各赋七言古诗一首、“其事一时称为胜游”的记载。乾隆年间，得太湖石九，南园又称为九峰园。

从《扬州画舫录》卷七图中和描述可知(图20)，一是该园择址城角，面水而设。“大门临河，左右子舍各五间，水有牂牁系舟，陆有木寨系马”，“左有长塘亩许种荷芰，沿堤芙蓉称最，极东小屋虚廊在丛竹间更幽邃，不可思议”，对此景，有御制诗云：“观民缓辔度芜城，宿识城南别墅清，纵目轩窗饶野趣，遣怀梅柳入诗情，评奇都入襄阳拜，笔数还符洛社英，小憩旋教追烟舫，平山翠色早相迎”。这使人想起徽州公共园林之特色，于山水间的营造。

二是园中建筑有深柳读书室、谷雨轩、风漪阁、玉玲珑馆、御书楼等，多成庭院，“曲室车轮房结构最精，数折通”。院中或为牡丹，或为修竹，堂前或“黄石叠成峭壁杂以古木阴翳”，或“小桥流水接平沙”，布置讲究，近景可观，还有“曲室四五楹为园中花匠所居莳养盆景”。最是太湖石大者逾丈，小者及寻，玲珑嵌空，窍穴千百，或置书屋，或置南湖，或置屋角，可想见徽州宅第庭园之一斑。

还有“一片南湖之旁，小廊十余楹，额曰烟渚吟廊，联云：堦墀近洲渚，亭院有烟霞”；“烟渚吟廊之后多落皮松、剥皮桧”，廊其下“无数青萍，每秋冬间，艾陵野凫、扬子鸿雁、北郊寒鸦，皆见食于此”，又一派田园风光。

南园的选址、景致和庭院设计，都令人想起徽州私园，幽、野、精为其特色。徽商的文人气和精致共处，亦为典型。如“一片南湖”小厅，是屋窗棂皆贮五色玻璃的玻璃房；大门内三楹设散金绿油屏风；又有“一品石八十一窍透寒碧”之九峰，煞是讲究。同时，于园中却能感受“芦茅短短钓船低，向晚浓烟失水西，半晌风漪亭上立，无情听杀郭公啼”[12]。这种贾商注重雕琢之风与儒士追求淡泊之情怀的合一，无疑是儒商品性的外现和其人生的最高追求。

（文中部分插图由胡石摹绘，测绘图由何易、刘捷完成。在调研中，得到黟县文化局胡荣孙、歙县程极悦和鲍雷等同志的大力支持和帮助，在此表示深切谢意。照片均由作者本人拍摄。）

图20 扬州南园(九峰园)图
(李斗《扬州画舫录》卷七)

注释

① 凌蒙初．初刻拍案惊奇．“姚滴珠避羞惹羞，郑月娥将错就错”
② 歙事闲谭
③ 徽州史话．黄山书社，1992
④ 摹勒耒耑公墨迹记
⑤ 摹勒耒耑公墨迹记
⑥ 摹勒耒耑公墨迹记
⑦ 王羲之．兰亭集序
⑧ 石国柱．歙县志．卷一，舆地志，古迹
⑨《绿竹山房记》．嘉庆二十年乙亥兰坡琦撰
⑩ 引号内均见．绿竹山房记
⑪ 绿竹山房记
⑫ 南园所引均见李斗．扬州画舫录．卷七

陈薇，东南大学建筑系教授

闽西客家建筑体现的汉文化三个特征

方　拥

法国作家维克多·雨果说，建筑是石头的史书。流逝的岁月会磨灭人类文明的大部分遗迹，似乎只有石头例外。美国建筑师菲利普·约翰逊说，建筑赶最后一班车。与别的文化事项比较，建筑很难扮演时代先锋的角色，但从另一角度看，它大器晚成，能广泛吸纳人类文明的各种成就。

追溯根源，世界历史上各种风格的建筑都与其所在地区的自然地理和人文社会两大要素紧密关联。在文明的早期阶段，自然地理条件占据支配性地位，尔后人文社会的作用逐渐加强。就最早而言，人文社会本身亦孕育于自然地理。但是建筑活动的滞后性使我们很难察觉它在文明初始时期的状态。我们所承继的建筑遗产，即便早在五千年前，也已经带有移民文化的色彩，因而在建筑研究中，人文社会的作用特别值得注意。

闽西客家建筑带有极为强烈的移民文化色彩。在中国南方移民形成的六大民系中，客家为时最晚。有关客家人南移的若干史实目前尚未廓清，但其大规模的迁徙活动发生于唐宋时期是可以肯定的。建筑界的一般看法是，唐宋文化在中国历史上登峰造极，建筑技术炉火纯青，造型艺术圆醇雄浑，宋以后文化全面地趋于衰退。整体而言，这种看法差误不大。但在南方的很多地区，情况有所不同，闽西尤其特殊。与丰饶繁荣的中原相比，唐宋时期的闽西尚属莽荒之地，人烟极其稀少，遑论文化发达。时至今日，从现存大量的方楼圆寨中，我们仍可感受到许多十分古老的信息。那些土木结合、外闭内敞、聚族而居的庞大住宅似乎是往昔时光凝固的结晶。艰苦的生存环境迫使诸多文化事项返回原点，从而有效掣止了盛极而衰的历史命运。宋以后的闽西建筑，从胚胎状态成长壮大。到清代中叶，中国建筑整体上陷于繁琐浮华的泥沼，闽西土楼却以理性而浪漫的雄健姿态出现。当代客家人也许可以将此视为文化上的大幸。

闽西客家建筑中土木结合、外闭内敞、聚族而居三大特征实为汉文化的集中体现。讨论汉文化，此处采用比较法。从当代学术视角看，汉文化并非繁荣于中国土地上的唯一文化，但其代表性地位仍然不可否定。进而将汉文化置于世界文化之林中，我们可以强劲的欧洲文化作为比较对象。

汉语中土木二字于近代演变为“建筑”，古代“大兴土木”即今大规模的建筑活动。在汉文化中心的黄河中上游地区，黄土既松且厚，是经济方便的建筑材料，自商至唐代，大量建筑都用黄土夯筑台基和墙壁。这里气候原本温暖湿润，植被茂密，木材便用以支撑屋顶并制作门窗家具。土木的合理搭配很好地满足了房屋的功能要求。东、西、北三面的厚土墙可抵御凛冽的寒风，南面敞开的木构能吸纳和煦的阳光。唐以后，重要建筑多以砖石取代黄土，木构架的整体性有所加强。但在北方农村，古老的结构方法至今仍在广泛使用。

为了便于比较，我们将汉文化大略定义为北方文化，将越、楚等文化定义为南方文化。从地理气候方面看，南方缺少松厚的黄土，而植被更加茂密；冬无严寒，而春夏过于潮湿。干栏式的高架全木构房屋从浙江到云贵地区被广泛采用。从考古学成果看，木作技术在南方发达的程度超过北方。建筑史上将木构架作为北方建筑主要成就的惯常论述，可能经不起严谨的学术探讨。

欧洲建筑传统上分古典和哥特两大系统，建筑材料则全用石。石材的受压性能极佳，宜于叠券起拱。与土木结合的中国建筑相比，欧洲建筑在结构技术和造型艺术两方面均有截然不同的特点，一个民族关于建筑材料的选择，心理情感的作用可能大于技术手段。欧洲人以坚硬的岩石作为建筑材料，与其征服性进攻性的民族性格不无关联；中国人以柔顺的土木作为建筑材料，实与汉文化中天人合一的观念合拍。

建筑上外闭内敞的做法是使用者内向

心理的表露。与其他民族相比，汉族的这一特点十分明显。二千年来，中国在北方长城上的持久修建以及对南方海洋交通的多次严禁俱为明证。就住宅而言，欧洲人也要考虑到防御需要，在中世纪战乱时期，其典型做法是外栅内堡，即在居住地的周围树立木栅，在中心位置建造或方或圆的多层设防住宅。从平面设计上看，闽西客家楼寨亦为方、圆两种，但图底关系恰好相反。欧洲住宅用空间环绕建筑实体，客家住宅用建筑实体围合空间。

中国传统建筑中普遍采用的四合院或天井式布局，就是闽西客家方楼圆寨的原型。从心理分析，前者的内向性远非后者那样强烈。一般的四合院或天井建筑都是单层，且外墙的连续性较弱，因而围合力度较之四、五层楼寨无法相提并论。

闽西客家人的聚族而居，也是内向心理的表现。但从汉文化崇尚大家庭这个角度着眼，我们更容易明了这种居住行为的初衷。家庭是国家的缩写，家庭人口的增加意味着国家力量的强盛，家庭关系的和睦关联到国家秩序的稳定。聚族而居的倾向在中国各地民居中都有反映，在闽西客家建筑中则极其显著。学术讨论中特别应当注意一些表象接近但本质迥异的类型。以毗邻闽西的闽南为例，其方楼圆寨外观上无大差别，但内部布局纯属另类。闽西楼寨内数十甚而数百个房间布于周圈，各层走马廊使各间联系通畅无阻，楼梯几部共用。闽南楼寨内部为单元式组合，从中庭开始，各单元独立门户，独立楼梯，单元之间用实墙隔离。走马廊较少采用，偶尔设于顶层的外墙之上，与各家有小门相通。但在这里，我们容易看出设计者完全无意于居民的内部交流，专注的对象是外部敌人。

在大家庭观念日趋淡薄的今天，一般人可能很难想像几百人的大家庭聚居于同一屋顶下的实际情形。个人主义对私密性的要求是那样强烈，以至于些微不满足在现代生活中似乎都难以容忍。但我们有理由相信，聚族观念和集体意识就客家民系的生存和伸张而言具有极重要的意义。在闽西进行的田野调查中，我们有一个颇具启示性的发现。永定县下洋乡初溪村的集庆楼，是目前所知客家楼寨中采用单元式布局的唯一实例。从居住的私密性和舒适性两方面着眼，这座清代建筑不无进步。但在永定，大家给它取了一个令人心惊的别名——“忤逆楼”。传统上，“忤逆”意指子女不孝顺父母的行为，以礼教标准评判，“忤逆”构成重罪，当受极刑。这一发现的启示在于，闽西楼寨中周围房间用通廊连系的统一布局绝非出自偶然，而是客家人心理意识深层次的反映。

闽西客家住宅，早在20世纪60年代就引起建筑专家的注意。随后几十年中，国内外学者对其进行过无数次考察，发表了很多学术论著。人们认识到，这种建筑现象在世界历史上绝无仅有，但至今尚未对其形成原因作出令人信服的解释。本文试从文化和心理学角度深入讨论，希望能对学术问题的最终解决有所贡献。

方拥，北京大学建筑学研究中心教授

古建笔记六则

张驭寰

古建筑的图碑

在我国古代建筑群中，常常发现庙宇里或者寺院中留有石碑，其中有的是建筑图碑，这是很重要的一个项目。我们用纸绘图后，很容易损坏，如果不注意、不小心一把火马上这个图纸为之一炬了。古人把图或贵重的图翻刻到平面石崖上，或者石碑上，刻成线条图，这样一来，这份图可永远保存下来，留传后世。例如汉唐时代的图碑可以保存到今天，这个方法非常好，既是一种保存图面的好方法，也是成为寺院、庙宇总图保存的方式，从中参照学到保存图面的一个好的办法。

据笔者见到的图碑计有：

1. 秦始皇陵图碑，立于陵园前部，当进园时可以参观。图的范围，将秦始皇陵的全部，刻出一幅总平面图，陵园之围墙、门座、土丘、建筑等等用线刻刻制得十分清晰，也是十分珍贵的。

2. 唐兴庆宫图碑，其中花萼相辉楼所存当年兴庆宫的平面图也是一份成功之作。

3. 西安唐大雁塔门楣石刻建筑图，现碑砌于大雁塔的西门门楣之位置，图中把一座大佛殿全部雕刻，这座大佛殿建筑十分清晰，从台基到柱子，从斗栱到梁枋，屋瓦到脊梁，应有尽有，从中完全可以看到唐代佛殿的状况，建筑内容甚为丰富，这是一块难得的珍贵的佛殿图。

4. 山西晋城古青莲寺内，有一幅唐宝历年间建筑图，这份图亦是一座大佛殿，也是刻在石碑上同样清晰，从中可以看到的唐代建筑状况，也更为难得。

5. 润城小城图，在晋东南阳城县润城的一座破庙里存放，图碑长1m，宽70cm，用线刻把明代润城全部城池图刻在石板上，图线条多十分清晰，那是在1962年8月考察发现时，即做拓片。

6. 大金承安刻中岳庙碑图，这座碑现存于中岳庙大雄宝殿之后部墙下，这是金代的原物，更是宝贵。它不仅仅时代早，而且把金代的中岳庙全部平面图刻出。对比之下，我们再看今天的中岳庙，平面布局十分简单，因此只有图碑，可以探知当年中岳庙之情况，而且从中看到许多的东西。

7. 运城盐池建筑图碑，这是山西保存的“河东盐池图碑”。2m × 1m，全部盐池及池神庙建筑全图，目前池神庙已残破，惟有通过这幅大图可以窥视当年庙宇的全貌。特别是其中的三殿制度从中反映出三殿并列的布局特点，十分难得。

8. 其他如西岳庙图、恒山北岳庙图，河北曲阳北岳庙图全部刻出图碑，当阳文庙图，平遥慈相寺图……。这些图碑刻作精致，从中看出庙宇寺院总体布局之特征。

河北曲阳北岳庙“图碑”

我国高台建筑的一景观

在陕西省合阳县王村镇王村乡有一座高台建筑极其引人注意，凡是来到陕西的人，都找机会前往合阳，参观古代这一胜景。合阳的高台建筑是天然的土台，仅仅利用这个天然土台，在其顶端建造玄帝庙的大殿。

土台是在平地上出现的，天然形成

的，在关中大平原中，常常出现“原”这一字样，什么是“原”?即是在平地突然高起的，或者是在平地上正在行进时，突然碰上，一个低下的大平原，而其中的土台边缘，即是垂直的，而且不会坍塌，没有形成漫坡式样。在东北地区，都是漫坡，而没有刀切式的土原。在陕西地区，土原到处皆是，十分普遍。这座玄帝庙的高台选择地形地势甚好，四面原来也是陡形，年深日久也不会塌的。就在这个土台之上端，建立围墙，围墙用砖砌，围着这个大石殿。围墙在台子顶上，除围大石殿之外，它距台子边缘，尚留出一段距离。院中即是一座大石殿。原有墙门，至今已残破。

就在这个土台上建造大殿。土台南北长40多米，东西较窄仅有30米左右，土台的高度近10米。台子顶端都有松树与柏树。上下有磴道，从前边的磴道可以上下。磴道是直上的。其坡度大约45°左右，用石踏步上下。

台子顶端建立的大殿，材料全部用石材，也就是说用石材建造的石殿。平面三间，深三间，是一座12m × 12m的重檐歇山式顶的大殿。这座石殿，仅在正面开一个券门，其他部位没有门也没有一个窗子，上下不通风，也不能采光。若说采光与通风，只靠这个门洞来采光与通风。墙体全部用石砌，其高度大约10米左右，到檐部有一层石条略略突出，作为额枋与平板枋之示意。其上为下檐，檐下列石斗栱五朵，转角各一朵，共计七朵。斗栱用石雕做出表面看是斗栱，近看则是斗栱之示意。下檐檐子，与角梁均用石板做出的。上檐自下檐之正脊向上出三皮石条块，上部仍然用五朵石块作为斗栱示意，不过上檐之斗栱，远比下檐略小，在斗栱眼壁之处，仍然用石块雕刻砌筑，上檐梁枋也用石材。殿顶用筒瓦，以及大脊戗脊、垂脊……都用烧制的砌块。这样做，易于施工与制作，又易于砌筑。殿顶做歇山式。

在前面墙面上左右各一块浮雕，好像黑狮子，券门门边甚宽，就在这两侧也予以石雕，内容已看不清楚。石殿的内部为门所遮，当到达玄帝庙之时，不可能打开门，所以不知道殿内构造。不过据乡民说：好像是用石叠涩而成的。

这座石殿之特色，把它建在土台上，远近观之石殿威严壮观，当地的人们用陕西的土语讲：“青石扁”，这是当地乡民的口音，实际上即是青石殿。这个殿全部用石块干砌而成的，石块并不匀，有大有小，有薄有厚，石块还是毛面，砌出之后，显得这个石殿粗犷大方。斗栱之雕刻为写意法，露外之梁枋也采取写意的手法。这个殿不做台基，也不做什么基座，殿身出自地面，仅有地基而已。但砌出的石壁有很大的侧脚，显出这座殿宇稳定坚固，耐久，这不是平常可以见到的。这座重檐石殿，造型比例是合适的，这是一座明代石殿，能够保留到今天，还是十分不易。

按我国石殿并不多，至今保留的明代建造的石殿有山西浮山县两座石殿、太原的天龙山进门处的无梁殿等。所以说陕西合阳的高台建筑石殿，要予以全部保留，它是非常珍贵的。

关于玄帝庙之玄帝的解释如下。《汉书·天文志》：北宫玄武，因以北方神之名。是道家所奉的真武帝，也称玄武，宋代避讳，改玄武为真，详见《云麓漫钞》：“前朱雀后玄武”在北方者，叫玄武。《唐六典》“紫宫殿之北门曰玄武门，其内有玄武观”。玄帝庙所供之神即是玄武神，也称真武帝，也有的地方将玄帝庙，称谓真武庙，这在县城里供奉甚多。例如宝坻县城内即有真武庙。

我国高台建筑分为两种：一种是自然形成的高台、一种是人工夯筑的高台。在其上建寺、建庙，居高临下，威严壮观。它的数量很多。本文所记之外，山西平顺原起寺也是高台建筑成功之作。

慧能与南华寺一席谈

在粤北曲江县城东6km，曹溪南华禅

山西平顺原起寺

寺，是佛教南宗大师慧能的住地与道场。自唐以来，名声大振，一提到曹溪即代表“南能北秀”的佛教宗派大师。

这座寺院始建于南朝梁天监年间，当时，梁武帝曾赐名曰宝林寺，至今在寺院之中还有宝林门，门虽然是后来重修的，但还沿用历史上的名称。到唐代仪凤二年(677年)，禅宗太祖慧能在这里讲学，开悟，成为南方禅宗发展的一大胜地。形成了五家七宗，一直到宋代开宝元年，才改为南华寺。在佛教界，一提到南华寺，是世人没有不知道的一座大型佛寺。

全寺建筑紧临曹溪，从前至后一条中轴线贯全寺，寺院里的建筑甚高大，数量多。从前至后，有曹溪门，放生池，宝林门，天王殿，钟鼓楼，大雄宝殿，大斋堂，藏经阁，六祖殿，六祖塔、方丈室……，依次排列。除此之外，还有清代建造的千佛铁塔，寺院两侧为群房，跨院僧舍……约计1万平方米。它的总体布局，体现出主次分明。仍然按佛、法、僧三大块布局，再与礼制相结合，所以寺院院前部分贯穿，礼仪规矩，门殿重重，取得对佛的崇敬效果。

曹溪门：平面三开间，它是作为寺院的正南门南大门而建的，前后做空廊，廊柱间做廊栅，上部做歇山式，檐角翘起，廊柱之高与间宽之比为2：1，显得门殿格外高昂。这里由于南方的气候而影响的，净空要高，才能风凉。檐下悬匾“曹溪”二字。门殿之内，中隔墙门额悬挂华带牌，书写“南华禅寺”四个大字，为赵朴初所书。门殿之两侧各建二间重楼，墙及屋顶与门殿相联。

宝林门：三间重屋，三间为门洞，单檐铺青色合瓦，檐下悬挂木匾“宝林道场”，门顶直坡，简单明快。

这座建筑犹似民居，试观大江以南，有许多寺院建筑造型、风格，如同民居，不像北方佛寺做得那样金碧辉煌。门屋两侧亦各接夹屋屋顶，但高度略低。门前建有石桥，这为放生池的桥。

天王殿：做双坡顶，门檐之横匾，殿内塑武士。

钟鼓楼：为左钟右鼓，各建三层楼，各层为单檐翘角，从檐角来看，一层檐比上一层檐角翘起更高、更锐，风格优异。

大雄宝殿：殿之平面五大间，两层，一层中三间开门，均做隔扇，两梢间则各用圆窗，按圆窗开始于北魏，以后历代流传，到明清时最多。尤其在寺院庙宇常常出现圆窗。在明间之檐下，悬挂“大雄宝殿”四个大字。二层做单檐。第二层开间亦五间，壁面装满玻璃窗。上覆歇山顶，外廊之四周做石栏杆。殿之前造桥，河水流通，过桥进殿，必须由大月台两侧登上，这是按古代东西阶的一种制度。殿内正面塑三尊佛像，中为释迦牟尼佛，全部金身，左右二弟子，殿内两侧则做塑壁鳌山，琳琅满目，保存十分完整。按寺院内塑壁，这是受到明清时代之影响，将庙宇里这一套装饰搬到寺院中来。

祖殿，平面五间四面都带有回廊(外游廊)。这是一座两层的祖师殿。内有六祖大师慧能的肉身像，下檐匾为“祖印重光”，上檐为华带牌，“祖殿”二字，写得豪放。明间满装隔扇， 两次间做槛墙，槛窗，殿宇高大而宏伟。

灵照塔，左右殿后，平面八角形，五层共高28米左右。第一层塔身比较高，第二层至第五层塔身层高相等，各层都做平座之示意，而是腰檐位置，但实际并未做腰檐。各层塔身开券门，真门与盲门交叉，塔顶翘角施用覆钵为刹。此塔造型不佳，大有蠢笨之感。

铁塔，平面方形，五层高约6米。各层做单檐，各层塔身表面刻铸佛像，此塔建于殿内，是清代作品。

寺院内石碑甚多，例如其中的明代《御制“六祖坛经”法宝序》，这是明成化廿一年十一月所立，十分珍贵。

六祖慧能之大名，是智慧之功能也。他是佛教禅宗南宗的创始人，俗姓卢，祖籍是今北京西南方向范阳。他本人生在广东新州，曾经去黄梅拜竭五祖弘忍大师，他曾到韶州在大梵寺宣讲佛法，弟子法海整理记录，形成《坛经》，此经前半部分是讲的故事，后半部才是经。慧能一生传法，他的一生著述只有这一本经，他认真讲法，弟子甚多。他在南方常住曹溪，是知名的大师。

最后由弟子编成的《法宝坛经》，简称《坛经》，开始时这部《坛经》仅有法海的一万二千字的记录本，这就是后来的敦煌本。唐代神龙三年，由北宗神秀的推荐，武则天便派内侍薛简清请慧能进京到长安。当时慧能患病，未能前往。后来武则天遂赐摩纳袈裟一领及绢500匹，用以供养。同时将曹溪的宝林寺改名为中兴寺。并将慧能的新州故宅改为国恩寺。慧能病势渐愈，命弟子建造报恩塔，感谢武则天皇帝。到唐玄宗先天二年，慧能在新州国恩寺圆寂。当年由弟子将慧能遗体迎向曹溪南华寺，供奉至今。唐宪宗时，追赐为“大鉴禅师”。慧能有弟子40多位，其中比较有名的：

第一为“南岳怀仁大师”(677～774年)，陕西安康人，幼年出家，来到曹溪之后，向慧能学禅，《传法正宗记》卷七说：“事大鉴历十五载，寻往南岭，居般苦精舍，四方学者归之”，从此便开南岳一系，因而被称之谓“南岳怀仁”。

第二名弟子是行思大师，就是禅宗七祖，为安福县人，出家之后，有一段时间住曹溪，据《传法正宗记》卷九：“初于大鉴之众，最为首冠。后居青原山之净居寺，最为学者所归。”他开创青原道场，大家都称它为“青原行思”。

关于慧能在曹溪时，常赴江西大庾岭弘法、游山，文献记载曾在大痪岭通往广东的交界大梅兰，建有大师塔(详见《大明一统志》卷八十)。目前尚不知如何?

我国最大的合院建筑群

——记灵石王家大院

山西灵石县王家大院，是我国民居中的一朵奇葩，也是我国合院建筑中的一支瑰宝。它是由28个合院建筑连接而成的、是我国现存的最大的合院建筑群。

南华寺六祖塔

合院建筑，发展比较早，在西周时代，业已达到完整的状态，后来传流到春秋战国。至明清时代，作为我国民居的一个主要形式——合院建筑就达到辉煌阶段。由于我国在封建社会时代，对人们的居住方式，均以大家族为主，正如古人有言“齐家、治国、平天下”。那个时代，家族成为社会的重要组成体，提倡四世同堂，以大家族为本，大家族、大家庭的居住方法，则以合院为主。家庭的房屋建设，当然都建设合院。由于家族人口多，一个合院不够居住，就再加一个合院、两个合院或三至五六个合院，合院多了就成为合院建筑群。山西灵石县王家一直做官，家中有钱，所以在本家当地建设28个合院，建成一大片，供给王家自己家庭居住。从清代开始建造以来，房屋全部保留到今天，故有“王家大院”之称。我们用现代的建筑术语称呼，应当叫做王家合院建筑群比较确切。

合院建筑发展到今天，已有3000年之久。它的变化特征，间数多少随意，房屋尺度大小也随人们意愿，院落空间组织，院子尺度宽松状态附属房屋之多少?房屋宏伟壮观的程度，这些都是自由的，可多可少，可大可小。

南方合院房屋梁架为穿斗式，粉白墙、屋顶铺小仰瓦；不做望板；北方合院房屋梁架以梁柱式为主，体现出青灰色调，厚墙，有望板、铺大泥、铺仰合瓦。合院使用范围——平民、地主、王府、皇宫等，应用甚广。它的区别主要体现在装饰用材、色彩纹样、工程质量等等。

山西灵石王家大院在清代盛期建造，质量极高，全家房屋共540间，分为28个合院组合在一起，总建筑面积达到20万m^2。如果用当代建筑工程造价分析，则需人民币3亿元，这是一笔很大的财富。我们现在从王家大院来分析，有三大方面：

一、王家大院之特征：虽然都是四合院，并不呆板，灵活、自由、富于变化。在对称样式布局的原则下，又体现不对称的手法；将各各分散的单体的房屋都组织在一起，做成有机的整体；合院建筑中还做一些土地玲珑龛，做得精彩细致；还有许多陪衬小品之类小作法，令人欣赏，例如上马石、壁心雕刻、绣楼、旗干、灯座、栏干……犹如进入一座博物馆，展品琳琅满目。

二、王家大院是一大组合院建筑，品位较高，保存地方古建之特色。其中体现出：小巷通幽、龙路分隔、城门城楼垛口平列，还有总门为入口。窑洞房屋、前廊、游廊，垂花门楼、月亮门洞、门帘架、券门，方窗、漏窗、隔扇窗、券头窗、龟形窗，十分秀美。匾额石叶，别有风味。单坡、半坡、弧顶、附墙烟筒，园林式庭院，美不胜收。

三、用42句诗歌，进行概括，作为王家大院合院建筑群的总的体现与写照：

合院组群，　重楼窑居，　民俗文化，
山坡向阳。　花院书房。　其中蕴藏。
通风良好，　前堂后室，　玲斑透剁，
迎纳阳光。　礼制端方。　手法粗犷。
青堂瓦舍，　主次分明，　步步有序，
朴实大方。　长幼分房。　风格豪放。
层楼叠院，　色调淡雅，　陪衬序列，
高低适当。　不重红黄。　门第高昂。
错落有致，　有隐有露，　旗干影壁，
门窗花样。　又分又挡。　狮子多样。
封闭空间，　上下相通，　文字为饰，
四面高墙。　空间流畅。　高雅之堂。
龙路起伏，　重点雕刻，　灵石瑰宝，
南道小巷。　墙面平光。　全国名扬。

通过以上诗句，完全说明灵石县王家大院合院建筑群之特色，一目了然。

五城十二楼　今何在?

在中华传统建筑中，建筑类型甚多，其中的楼，就是重要的一类。人们常说："造房起楼"、"亭台楼阁"、"五步一楼"，甚至在唐诗中有"山外青山楼外楼"、"更上

王家大院礼门

王家大院窑洞式卧房

灵石王家大院正厅

王家大院正门

一层楼”，张沽题甘露寺诗：“冷云归水石，清露滴楼台”。足见楼阁之多，普遍应用。那么人们要问，什么是楼?释名曰：“楼有户牖诸孔，层层然也”。实际上楼是重屋，将数层房屋安放于一起，层层向上，这就是楼房。

我国建筑史上建楼最多，楼也有它的历史渊源。最早的楼要推“曲日楼”，在《尔雅》中有记述，春秋时代已出现楼房。《史记》“方士言……黄帝为五城十二楼”，用这个五城十二楼迎接神仙的到来。武帝又造神明台，建造井干楼，楼高50丈，为汉代有名的一座楼阁，非常壮观。图据《东观汉记》公孙述建筑十层楼。

南北朝时代，石祟也在大规模的建造楼房(见《晋书》)。世祖做楼，楼上施用青色漆，故曰青楼(见《北齐书》)。魏文帝洛阳金墉城中建造一座宏大、美观的楼，高达百尺，相当至今天北京塔式高楼十六层的高度。从隋唐以来楼就更多了。人们为什么要建造楼房?试观古代建筑发展的序列：它是从高到低，再从低到高的发展。人们一开始以巢居为主，由于上下不便，进入原始山洞。如今的周口店山洞，山洞空间过大，温度极低，生活极不舒适。这时又从原始山洞出来，进入地下，即挖穴而居。又过一个阶段，整日不见阳光，通风又太差，逐步由深穴到半穴居，再由半穴居升入地面上来，在地面上建造房屋。人们的要求，是不断地向高度发展的。到后来逐渐地发生高台建筑、土心之高台建筑等等，可是人们并不满足，又逐步地建设楼阁。

因为楼阁有一定的高度，不挡视野，可以远眺，易于采纳阳光，楼上通风甚好，居高临下又对于防卫方面有意义。楼阁又可节省占地面积，居之安静，产生清幽的环境，如读书、闲居、生活、享乐有一种雅致的效果，所以楼房在一定程度上得到大的发展。

在城池中建楼多的是从防卫的意义出发的，如城楼、角楼、箭楼、硬楼、软楼、团楼、战楼、敌楼、钟楼、鼓楼。在佛教建筑中有大佛楼、万佛楼、玉佛楼、藏经楼等等；在庙宇里有刀楼、印楼、梳庄楼、五凤楼、飞云楼等等。除了这些外，还按春夏秋冬四季特点建楼，按天气风云雨雪以及地方特色、八卦方位来建楼，不下数千座。著名的有黄鹤楼、白樊楼、鹳雀楼、古陵楼……

楼的形状，给人以美的感受。一座楼本身就是一座秀美的建筑，用它来点辍环境。人们登楼可以远眺、观览、听风、听雨、赏月、读书、饮茶、休息。

我国古代建筑以木结构为主体，楼即是用木料做成的，它在长年的风雨中、日光曝晒中，必然要倒塌的；加上人为的破坏，成千上万的楼台已经毁掉了。其中的“五城十二楼”，无论怎样的美好，无论如何的壮丽，今何在?这座楼是不会再现了。

纤巧秀丽的天宫楼阁

什么叫天宫楼阁?具体来说就是在佛殿里、庙堂之中，在其内部做出小型的木构楼阁。一般的规模还是有一定尺度，木构的楼阁参差，还接建长廊、飞廊与斜廊，构成这一大建筑组群，做工非常细致，做法按一定比例构造，规制与真实建筑相比，1/10左右。把这一大建筑组群，具体建在殿堂中，从地面、到半空或者是紧紧贴于天棚处。一般来看，集中与延伸很长，其间亭台楼间断断续续，场面之大及其巧夺天工的气魄，而无可与之伦比。

试观山西大同现存的上下华严寺是辽代大型木构佛殿——薄伽教藏殿的四面贴墙做出天宫楼阁，南面之壁藏的式样，下部为基座，束腰做壶门，第一层楼身分间，每间用双扇做门，檐部施斗栱，上承短檐；第二层有平座，平座亦用斗栱支承栏杆，在第二层座身，与第一层相同，惟有不同之点是在中心部位另起一组殿顶，中心殿为九脊式，两侧亦与中心殿相同，只有高度下降，亦做九脊顶。突出这一组三顶的殿阁十分壮观，给天宫楼阁之整体建筑增添美观的程度，在西立面外观，两阁之端部，各有殿顶也做歇山九脊顶，两阁之间有跨空飞桥，殿阁建于其上，如同一条飞虹，中心部分出现一楼层，极甚壮美。

天宫楼阁之结构，全部为模仿辽式木构建筑，它在建筑史当中是极其重要的。薄伽教藏殿之壁藏与天宫楼阁共计38间，互相接建，这样保持宏伟壮丽的气氛，真是难得的。此外还有山西晋城南村二仙观里有天宫楼阁，为宋代建造，其制属于宋、辽，而盛行于明代。这个庙中的天宫楼阁有飞桥，上建飞阁，两侧配以飞廊，两端还有配阁相连、飞桥、飞廊几个阁楼都用斗栱承托，从下至上精雕细致，构造繁复，这真是一组飞桥与飞廊，三个楼阁互相连接，场面之开阔，其壮观程度是一般天宫所不及的。这一组天宫楼得建在正殿之中，居高临下，真是琳琅满目。

为什么要在佛殿、庙堂中建造这样极为复杂的天宫楼阁?第一点，在殿堂之中，除供佛、供神之外，由于殿堂内空间特别大，特别是殿堂内上半部更觉得空旷。仅仅用吊挂的经幢、幢幡、灯笼、匾额、对联等结绿之方法而是远远不够的，而且都是临时性的，绝对不会长久，又不美观。这必须要有固定的装饰，才能解决。

在这样状况下，必然想到要做天宫楼阁，方能达到目的性。而使殿堂内部增加华丽的气氛，使佛教境界深远，给人高不可攀的意向，佛境十分奥妙，难以探知彼岸，必须刻苦，方能到达到乐土。要使信士弟子要向往灵境、仙境，天宫楼阁，这是序幕。它能使信士弟子充满信心，坚持佛法，坚持意向，必须修法，方能登入极乐净土。

天宫楼阁从何时开始?尚无材料。我们现在掌握的材料是在李诫《营造法式》一书中有文字，有附图，从中可知壁藏天宫楼阁的状况，例如该书卷六转轮藏、经藏、壁藏、天宫楼阁，卷十一小木作都记述它的做法、功限等。还记述：山花蕉叶佛道帐、牙脚小帐，等等，这些都与天宫楼阁

净土寺天宫楼阁正面图

有密切的关联。在实物方面就是大同华严寺薄伽教藏殿的天宫楼阁、山西晋城南村二仙庙、山西应县净土寺大殿里的天宫楼阁。天空楼阁是一种精彩之作，从宋、辽、金即有之。

天宫楼阁是为人们拜敬佛进行观览的，它纯属是比例尺缩小的木构建筑，按比例制作，非常准确，而且细致程度之高，能工巧匠的技艺达到高峰，每次观之令人赞扬不已。它建造大殿堂里，没有风吹日晒雨淋，因此保存的都十分完整，真是先人们留下来的一笔重要的遗产。

张驭寰，中国科学院自然科学史研究所研究员

(上接101页)

筑物和庄严的城市格局，而我们周围环境的实际形式却由令人烦恼不协调的、多余无价值的、令人不愉快的东西所组成，城市环境变得与人的期望格格不入。

在这样一个充斥着各式形象的城市中，我们与空间有关的整个方式已经改变。我们生活在一个拟像的世界，二维空间较之于三维空间更为盛行。建筑形式成为一种时尚，这种时尚靠昙花一现的周而复始来维持，这注定要使建筑师不断地改变建筑形式。于是，我们从库尔哈斯《狂诞的纽约》中看到如此野性的发展：大城市真正的野心是去创造一个完全虚构的世界，让人们生活在狂想之中!

注释

①(美)保汤德·伯格纳．现实和幻想之间——20世纪90年代或本世纪末的日本建筑．郝曙光译，刘先觉校．建筑师(59)
②(美)赫克丝苔勃尔．摩天楼建筑风格的探索．汪南辉译．建筑师(30)：234
③Hal Foster:The Anti－Aesthetic,Bay Press,1983,pp6
④(意)利诺·琴蒂.形式与意象，Domus(2).
⑤(波)莱斯尼可夫斯基．建筑的理性主义与浪漫主义(四)．韩宝山译．建筑师(35)：138
⑥simulacrum，最早出自法国政治哲学家让·鲍德里亚的著作中，有人译为“类象”、“仿影”，在这里，我们将之译为“拟像”。

杨华，深圳市城市规划设计研究院城市设计研究所建筑学博士

城市假面舞会

杨 华

现在城市中，人们大张旗鼓地制造建筑形象。“可以这样认为，在建筑历史上，我们第一次达到城市化的阶段。建筑环境的本质是创造信息和形象，或者是由信息和形象来创造环境，也就是说，城市正广泛的表现为媒介”①。

然而，尽管形象密集于人们的视野之中，但形象的有限性却使得它们无法产生诗意的魅力。铺天盖地的形象割断了人们对整体的记忆，使人们沉迷于分散破碎的形象中，改变着人们眼里和心中的城市。

一、广告性：工具主义价值

艺术不同于生活，它一方面使艺术成为一个相对自律的文化活动领域，同时赋予艺术家某种自由的主体性，赋予他某种超越现实进而批判地反思现实的可能性，并最终获得某种艺术的表现性价值。另一方面，艺术作为一种话语形式，亦有别于其他日常话语，艺术的诗意表现性是其他话语形式所不具备的。根据符号学派的看法，人类的话语形式具有三种基本功能，即传达、表现和意动，相应地也就有三种有所区别的话语：逻辑的(即科学的或实用的)，诗的(即艺术的)和修辞的(即日常的)。用劳特曼的话来说，诗的话语其主旨不在于传达信息，而在于形成意义或生产意义；用巴尔特的话说，诗的话语既不是展示，也不是摹仿，其功能不在于再现，而是构成一个“景观”。换言之，艺术所具有的诗的话语形式，是借助想象力的惨淡经营来达到某种表现性价值。抛弃这种表现性价值，无异于把诗的话语混同于其他实用话语。

现在城市中，随着土地所有权或使用权的私有化，土地变得稀少而紧张，随着新的经济繁荣和昌盛，这种情况变得更加严重，对任何城市地区的新投资都会增加整个毗邻地区的不动产价值，从而更加催发业主对迅速而且巨大的利益的迫切追求，这种快速的螺旋式上升运动使城市空间不断为巨型购物中心和摩天楼所占领。这些建筑被业主寄托了巨大商业利益的同时，也被纳入了真正商业运作的轨道。商业化运作的一个典型例子是迪斯尼公司启用20多位著名的建筑师参与其游乐园的设计。迪斯尼公司敏锐地嗅到建筑创作潮流在过去数年内的变化，即当建筑越来越重视外表形象招揽娱悦人们口味之时，人们也就越来越对建筑发生兴趣。迪斯尼公司因此将设计焦点从异域情调的大拼凑拓展到对当今著名建筑师名牌作品的大炒卖，使后现代主义建筑师的每一座旅馆、俱乐部、游乐中心均成为该公司的商标广告，最大限度的招徕游客以牟取更大的商业利润。于是，充斥时尚风格的建筑设计与商业性极强的游乐业完成了空间形式上的完美结合，进而更加自如地相互炒作。

在建筑的商业化运作中，我们可以看到一个明显的或正在变得显著的发展趋势，那就是建筑作为一种艺术活动与生活的界限日趋消解，距离越来越小。人们不再把建筑视为有独特魅力的艺术门类，而是服务于某种审美功能的刺激物或满足物。即是说，在建筑或说是人们文化需求品的制作过程中，人们期望得到的不是传统美学所说的某种意蕴深刻的内在审美体验，而是追求感观的审美满足。这种新的文化需求行为，已彻底地把具有表现性价值的建筑转化为具有工具主义价值的类似物的日用品，以致于“欣赏”一幢建筑同评价某种日用品别无二致。

文丘里在《向拉斯维加斯学习》这本著作中不得不承认这一无情的事实：把建筑形象凌驾于政治理论与社会信仰之上，使建筑设计失去了创作上的意义；以致使有时为显示独树一帜的效果，不惜借庸俗离奇的手段来自我炫耀。建筑作为一门艺术与生活的距离消失了，诗的表现性话语最终沦为实用的工具性话语。正如社会学家帕森斯所揭示的，传统社会与现代社会的一个重要分野，就在于前者趋向于表现性价值，而后者指向工具性价值。前一种价值关心主体的精神与情感满足，后一种价值从属于所要达到的实用目的。

二、“雇佣艺匠”：建筑师角色地位的衰微

建筑由表现性价值转向工具性价值，使传统的带有贵族精英色彩的建筑师角色黯然褪色了，从主导角色变成了与人们平等的合作角色，建筑的实现必须经由业主的接受或具体化为前提。于是，当前的建筑师与业主的关系不再是前者设计什么后者看什么，而是越来越带有后者要什么前者设计什么的趋向。正是在这个意义上，我们说建筑师有某种被剥夺感，相当程度受到现代消费人们趣味与时尚的左右。“他们在委托者的会议室谈得多的不是什么修建方式，而是房子的出售方式。有人为某些离奇风格的流行提出一些离奇的理由。可是，建筑是一种实用艺术，有实际经验的人总要考虑实效。风格的探索既已合理化，但往往又把它掩盖起来，这不仅是适应于流行的智能方式，而且是为了使委托者放心：没有什么神秘的东西会影响效率与财务开支[②]”。

业主对建筑设计活动的介入，实际上瓜分了许多原本属于建筑师传统角色的权利与责任。在这一体系中，现代消费人们的趣味与时尚在暗中起作用，什么样的形式更吸引人们的注目，什么样的风格更顺应时尚，都不再纯然属于建筑师的个人事务，而在相当程度上是业主的权利与责任。建筑师被业主从中心角色挤到边缘角色，从唯一的生产者转变为次要的配角，变成为市场流通环节中的一个环节。如此一来，建筑设计“异化”了，建筑师在很多时候成为名义上的设计者，不得不违心地创作以符合业主的“选择”及市场的消费时尚。如果说在传统的政治导向封闭文化体制中，建筑师的话语生产行为要受到意识形态及其规范伦理的控制的话，那么，在当前的文化环境中，他们的设计行为则受到流行的审美时尚及其体制化力量代表的业主的控制。

来自外部的压力最终导致了建筑师思想观念的混乱，他们过去奉为经典并引以为楷模的东西，那些曾作为评价文化乃至自我行为的根基，已不再是坚定不疑的了，而是产生了动摇。从心理学上看，就是费斯廷格所说的“认知不和谐”状态。它表明作为话语生产者的建筑师内心两种彼此对立的认知元素的冲突。一方面，他仍可感受到作为一个建筑师的角色责任；另一方面，他那被剥夺和相对被动的现实处境，又使那种走媚悦业主的“雇佣艺匠”道路具有强大的诱惑力。心理学的研究表明，认知不协调的程度是与认知要素本身所具有的重要性成正比的，某些认知要素与主体越是利害悠关，其认知冲突程度便愈加严重。显而易见，在当前面临深刻转变的建筑文化困境中，建筑师所产生的“认知冲突”是异常严重的，从而使建筑师置于一种浮躁的境况中。这突出地反映在一种二难选择的困境中：要么你仍恪守建筑师的本色，并身体力行地去尽其角色职责，但有可能进一步被剥夺或愈加相对贫困；要么你干脆成为媚俗业主的“雇佣艺匠”，在急功近利中进行建筑制作。

外部压力的作用，即业主趣味的制约，建筑师角色身份的被剥感和角色地位的相对贫困化，终于导致了建筑师的“认知冲突”向商业美学的倾斜。即是说，在以业主意志为集中体现的人们文化的压力面前，在经典文化日益萎缩而形成边缘文化，而商业美学以其巨大的攻击性和渗透性占据了主流文化的严峻局面下，建筑师们所恪守不移的优秀价值受到了动摇，过去奉为圭臬的艺术信念受到了怀疑。商业美学中流行的时尚和趣味通过业主表达出来，建筑师虽不愿接受，却不得不作出妥协。新的以人们为导向的文化潮流的兴起，转向人们消费社会的不可抗拒的步伐，以及人们消费文化的需求和趣味转向，以其强有力的侵蚀力一步步压抑着建筑师的潜在目标，甚至迫使他们依从就范。说得夸张些，这一强大的外部文化压力，有一种迫使建筑师最终沦为媚俗人们的“雇佣艺匠”的倾向。

三、平面感：摈弃深度模式

经典建筑往往包含了积淀的历史习俗、城市文脉的延续以及建筑师的内在审慎等，从而使人们可以深入其纵深的意义脉络中，通过不断的阐释和发掘，获得审美的意义。而今天的多数建筑却拒绝解释，而只希望得到赞许的评价，它们提供给人们的只是单个的孤立的观赏经验，无法在解释的意义上进行体验。

正如我们所看到的，各种古典柱式、山花出现在高高低低的建筑上，来自地球另一方端的自由女神帽盖以各种方式爬上建筑的屋顶。无论这些组件源于何处，也无论这些组件的含义，许多当代建筑纷纷穿上被符号装饰得花枝招展的外衣。不顾文化背景和城市文脉，也不顾结构合理和构造要求，表面文章成了人们追求的目标。这些现象表明，许多当代建筑已削平深度回到一个浅表层，获得一种无深度感；它只在浅表层玩弄手法、符号、形式；它不再相信什么典范，而沉迷于不断地进行形态的发明和尝试。设计师挖掘的不是意义，建构的不是场所，而只是形象的各种可能性。对别人的形象进行改头换面从而组装新的形象，这使得新形象不断翻新，层出不穷。整体被搁置不顾，而整个城市成为一堆关于形象的集合；意义不复存在，只有形象充斥都市空间。当代建筑去掉了几千年因系于经典的沉甸甸的深度，获得一种普遍的浅薄。

摈弃建筑的深度模式，使原本贯穿于建筑生成结构中的各种意识形态、宗教信仰、风俗传统、景观环境、结构技术等因素被并置于同一个平面上，任由建筑师操纵，其本来所具有的内在的联系被打断，而成为可以随意连接的要素，正如我们所看到的，东方＼西方、古典＼现代的样式拟真地混杂在一起，拼贴成这个消费时代的迪斯尼乐园，甚至古典情怀和先锋姿态都成为当代建筑的操作策略。

摈弃建筑的深度模式，使建筑从三维的建构开始转向二维的拼贴。即，建筑的纵深相度被压平为此时此刻的形式操作，建筑师对建筑的控制更加强调其作为视觉对象的招揽力，而忽视了其作为都市人为事实的本来面目，场所的使命、城市作为景观的全局性被忘却于脑后。建筑被作为漂亮的广告出现于各种媒体，以服务于人们的各种目的，从而彻底地表现为二维平面。

帕拉斯马(Juhani Pallasman)在他的《建筑七感》中，批评将建筑作为一种纯视觉作品。他认为今日的建筑已经成为一种视网膜艺术，成为一种形象复印艺术，只不过这种复印是通过眼睛来进行的。“注视”这种活动将建筑展平为一张图像，从而失去对建筑的塑造活动。仅仅重视视觉不但使人们没有在世界中经历体验人生的“存在”，反倒使人与世隔绝、分离，建筑的形象被动地投射在视网上。帕拉斯马认为当建筑失去了其可塑性并失去了与语言和智慧的联系时，它就被孤零零地隔绝在冰冷、遥远的视象王国中了。随着对感觉、触觉的轻视以及为人类的身体和手构造的尺度和细部的消失，建筑就变为扁平的简单几何形，没有材料特征和质感，它与真实的生活变得陌生起来。当建筑与世界、事物和手工艺的现实脱离了联系，那么建筑就变为纯为眼睛服务的舞台背景，从而材料和构造的逻辑就丧失了。而他们从形象中期翼得到的不再是对形象之后的意义的表现和阐释，而是一种纯粹感官的享受，是在形象的拼贴、变幻和再生中产生的刺激。这便注定了形象对建筑意义的消解，也注定了建筑个体的虚假性；建筑在城市空间中的存在必然性地转化为形象的无深度展现。

四、伪审美意识：审美精神的放逐

形象的无深度展现，使建筑个体的自由化理想成为无处不在的形象的轻歌曼舞。然而，当代建筑并没有因为审美意识的泛化而上升到审美之维。当代人在形象中栖居，却不能领略到场所的精神，更不能构成诗意。事实上，正是在对审美形象的全面追求中，阻止了建筑个体与城市的整体性关联，从而放弃或拒绝了对和谐完整的城市空间的追求，不仅没有再创性地形成城市空间，而且在对传统的熟视无睹中，甚至消解了既存的场所。在对形象的无意义追求之中，在“美化”生活的普遍期望中，审美精神被无情地放逐，形象崇拜代替了审美精神的人文理想。

把无意义的形象作为目的和存在根据，实质上是一种伪审美意识——审美活动失去了超越力量，沦为纯粹形象的追求。

伪审美意识的虚伪本性在于，当代建筑文化把建筑局限在形象制作中，成为对意义和场所的根本性遗忘。这种遗忘，使非现实的形象成为建筑存在的目的，建筑无条件地认同于无意义的虚假形象。形象展现成为建筑个体存在的一种基本活动，形象制作成为建筑师设计工作的一种基本内容，成为建筑设计的普遍形式。

伪审美意识的体现，标明艺术向生活的退落；失去自身的超越性而成为一种日常的生活方式——形象的享受。“审美经验一旦陷入个人的生活史，被溶入日常生活中，艺术就失去自身的界限而被生活瓦解”。[3]可以说，伪审美意识在建筑中的蔓延，消除了建筑作为一门艺术的超越性，把建筑转化为无意义的形象，进入对纯粹形象的制作。

在形象制作中，建筑被看成是一种视觉的和智力的经验，成为卖弄技巧、制造人为表面效果的游戏。美学上的平等主义今天受人欢迎的取代了那些已被抛弃了的、认真严肃的信仰系统。形象而不是意义，成为当代建筑的文化创造力的基本表现，建筑存在变成了形象的表演和竞争。“今天，建筑师的作品已有根本的改变，结构从他那里游离了出来，他的美学观成了设计逻辑的一部分。建筑师创造了越来越多的意象，中介体弥漫着他的设计。总之，他们明火执仗地在国际市场逐渐兜售他们的作品，这些作品不可能与无论是庞大的社会还是一去不复返的文艺复兴与贵族时代的启蒙精英有任何关联。”[4]

建筑中的伪审美意识表明，当代建筑的世俗化在纯粹形象的制作中被最后实现，以商业和手法共同制作的形象迷信成为建筑的新神学。当代建筑文化的伪审美意识，最终使形象沉溺于这种无意义、无根基、无深度的展现中，而放弃了对真正的审美精神(意义整体)的表现。在伪审美意识的普遍渗透中，对形象的追求已经成为当代建筑个体的存在无意识，这种无意识包含着把一切对象转化为纯粹形象的非理性展现，这种非理性在整体上规定了当代建筑话语的游戏情境，经过意义整体的消解和价值尺度的削平，而片面发展为以形象为主体的文化。

五、拟像：城市假面舞会

对形象的根本性欲望和对新奇的崇拜，使现代人对真实与假象的界限越发模糊，只要是好看的，便无所谓它的真实与否，当代建筑文化的伪审美特性，使它把真实作为一个理性问题悬挂起来而直接认同于现象和幻象和直观。波尼奥拉(Mario perniola)对此有这样的看法：“文化总是以为自己扮演着一个关于现实的双重角色，作为对立于物质生活的价值系统，和作为对其进行支配的工具。这一文化有时关乎于遥远的过去，有是涉及到时下的潮流，但对现实总具有这种双重性。正是这种 谎言，现在已经破产了。新时代赋予文化的礼品，是一种单一的向度，如果说，马卡斯式的传统知识分子将这种单一向度看成了一场灾难的话，那是因为他们仅仅是从文化价值上考虑的，而未理解它同时暗喻着杜威实用主义导致的毁灭性前景。另一方面，这种单一向度不是指千篇一律的均质性或生活的普遍单纯化，也不是指形象的消失。相反，它是指一种形象虚实难辨的情形，形象在此成了‘幻象’，它不是一种画面形象，只是再现出原形的外表，还是一种令原形分解的真实形象。可以做一个比喻，在莫哈维荒漠(Mohave desert)中，没有进入过梦境的意念是不能实现的，因而是不可信的。同样，在当代社会里，全然地接受幻象的这种向度，乃是其形象效果的必然条件。”[5]

形象充斥城市，使我们拥有了一张“破碎地图”般的极其易变的城市环境。在这个环境中，真实的感觉不知不觉中受到模拟力量的削弱，或者与此相反，真实正表现为幻想。如果迪斯尼世界能被称作“最彻底的中间环境……非现实性的特点达到极限”，那么我们的很多城市正在接近迪斯尼世界。幻象与真实的区别变得越来越模糊，构成了当代城市的“拟像”[6]。当你观看建筑时，它向你展现的可能已不是建筑本身，并不给你传达某种意义，或表达某种因依存于整体而具有的固有本性，它展现的只是一种式样、一种影像，并且这种式样、影像已经独立于建筑之外，并使得建筑本身仿佛并不存在。

在拟像(simulacrum)的世界里，表象代替了意义，欲望代替了情感，表演代替了存在。“拟象”一辞，表达了一个与传统美学、文艺学所频繁使用的“形象”一辞相对立的概念。所谓“形象”，应该是内容的表现，是意义的指称，意味着对于现实的再现，而且永远被标记为第二位的。与其相对的，是对于形象的虚拟——“拟像”，其特点是意义的丧失，形象的本义被废弃，成为没有本体的存在之物，而且可以无限复制，最终呈现的是一个“没有本源，没有所指、没有根基”的“象”。

如果说这样一个由拟像所组成的城市空间能给我们带来一个童话般的世界的话，作为生活于其中的人们应该是可以感到欢欣的。然而不幸的是，当建筑师们一直大声疾呼创造一个新的完美和新生的辉煌形象的时候，我们的城市面貌却日益令人讨厌。设计师的作品使人们联想起壮观的建

(下转97页)

关于城市建筑文化的思考

——从北京东方广场和深圳市民中心说起

汪 科

继1999年6月北京国际建协建筑师大会后，关于建筑与环境、建筑与文化、建筑与可持续发展等问题更加成为建筑界、规划界乃至全社会关注的焦点。回顾20世纪走过的道路，就现代建筑与城市的发展作必要的反思与总结，温故而知新，无疑将有益于下世纪的创作。本人有幸参加了一些关于北京东方广场和深圳市民中心的活动，于是，试从两个工程说起作以论述。

北京王府井地区的东方广场在全国规划界、建筑界的嘻笑怒骂声中终于拔地而起，有些建筑师冠以“其丑无比”；深圳福田中心区市民广场在国内、国外的大师和前辈们的瞩目下小心翼翼开工了，全深圳的市民早已寄予豪情。迥然不同的境地，不能不令吾等后辈深思关于城市建筑文化的问题。

一、项目建筑文化对比

1.项目简介

北京东方广场工程是北京建设的一项大型综合性商业建设项目，位于北京长安街及王府井大街，毗邻天安门广场，占地11万m^2，总建筑面积90万m^2，总投资约161亿元，是亚洲最大的民用建筑群，集商业、购娱乐、居住于一体。广场有三组建筑群组成，分商业和休闲购物区两部分，商业区包括八栋写字楼，二栋高级公寓和一栋五星酒店；休闲购物区包括一个中央喷泉广场，几块庭院绿地，五个商场和一个三层停车场，业主希望以东方广场设施的系统化、网络化和一体化的综合群，带动整个王府井地区的全面发展，成为北京市的中心，王府井商业区的中心，成为核心中的核心。该项目由香港巴马拿国际公司等设计。

深圳市民中心是一个广义的市府建筑，包括市政办公、市民、民主党派、团体活动的综合大楼，处于中轴线上，北倚莲花山，南临广场绿地和深南大道。市民中心占地11万m^2，总建筑面积20万m^2。建筑总高度为80m，长度为180m。市民中心采用西、中、东三段平面组合，西翼“日”字形平面为办公部分；中段有方、圆两个筒体组成，为会堂及工业展览馆；东翼以博物馆为主兼有部分市政展厅。该建筑由美国李名仪/廷丘拉建筑设计事务所设计。

2.建筑文化特征及分析

东方广场各大楼的设计主要有方及圆形的建筑物组成，外墙是粉红色的大理石及反光玻璃，广场的长方形布局基本上沿规划地块红线。三组建筑群的大楼高度由14至20层不等，每组建筑群均成组团状布局，围合于中部的是一层屋顶平台上的中央庭院(广场)。三组建筑群之间布置绿地。广场建筑为平屋顶，檐口出挑。广场考虑人的需求多层次，三个不同的庭院空间各具特色，小空间层次丰富，具有个性和情趣，大空间具有开放性，向内收有所聚，向外放有所敞，特别强调用庭院对内形成公共空间，既做了写字楼、酒店、公寓功能分区，又把建筑群的各个有机部分组织在一起；用广场对外与城市空间过渡，使一层商场和广场形成城市的开放空间，但由于广场尺度略显局促。较难突出东方广场的广泛适应性。

从历史文化风貌保护出发，北京市规划要求整个建筑群要配合临近区域的面貌，与保持北京传统古建筑的风范相一致。但当东方广场陆续封顶、外立面完工时，人们很难如愿地看到这维护历史风貌的符号。超常的容积率、夸张的体量，除了骇人的尺度外就是没有任何艺术价值的钢筋混凝土的外形。既不顾文化背景和城市文脉，也不顾文化韵味和宜人尺度，没有在建筑的亲切和精髓中给人一视觉的享受和心境的平和，在长安街上出现这样一个庞然大物，从尺度和体量上，接近用地毗邻的天安门广场东西两侧的人民大会堂和历史博物馆的尺度和体量，不利于突出天安门广场的雄伟与壮观。换言之，在首都重要的政治中心周围修建任何超大体量的商业建筑是不适宜的。

市民中心采用最现代的建造方法和科学技术，与此同时又继承中国南方的优秀建筑传统，沿袭了中国“内庭院”的布局，使建筑由若干个庭院组成。庭院中安静幽雅，互不干扰。建筑为多层，层数不高，有很长的外围包线，出入口设置灵活，可以自由分隔，应变功能上的需要，符合办公建筑特点。市民中心的屋顶采用曲面网架拱壳，大面积覆盖其下方的建筑，遮蔽阳光，且保持通风的良好。屋顶的曲线和暴露的结构构件隐喻着中国传统的建筑风格，但给人的感觉却毫无复古的意向。市民中心整体保持低缓、舒展、亲切并向公众开放的特点。

3.建筑文化对比

——对待空间环境组织的手法与效果差异

两个广场均为境外单位设计的建筑方案。外国建筑师在中国设计建筑都要去挖掘中国民族独特的文化，只有基于此，才能让人一看上去就透着中国文化的特质，是植于本土的东方文化，而不是西方文化。如贝聿铭设计的香山饭店和波特曼设计的上海商城，都能够发现现代材料和技术与中国传统的建筑语汇。但由于出发点差异，空间效果截然不同。东方广场忽视北京天安门地区特有的性质，忽视故宫的雄伟庄严、气度非凡和天安门广场特殊尺度和体量的不可混淆性以及维护城市轴线的严肃性，只抓住了“庭院”和“屋檐”，未免有“拣了芝麻，丢了西瓜”之嫌。回头东望东方广场，由于对面积和体量的苛求，造成空间尺度较大，建筑群间距不够，加之广场尺度的不合适，以及其对毗邻的北京饭店、天安门广场和故宫的忽视，很难用我们常用的“协调”来形容。

深圳市民中心占地面积和北京东方广场几乎相同，但设计从城市空间的景观和尺度出发，确定了高80m、长180m的体量符合周围环境特征和城市中心轴线要求。四周的环境条件是：北倚莲花山，主峰高140余米，次峰分别为70到80米。山体不高但走势明显，主峰居中，两侧各有两个次峰。南向深圳湾，晴天时可隔湾望见对岸香港的山体及部分位于元朗的住宅群。东北侧有笔架山，西南向有繁殖于深圳湾边的红树林及众多稀有鸟类的生态保护区。深南大道贯穿特区东西，将市中心区分为南北两部分。中心区应增加一条南北向的空间，与深南大道相交，使人车沿大道到达这里，明确地看到和感受到是抵达一处可以停留的中心区场所，于是设立了一条南北向的空间轴线。轴线的北端正对莲花山主峰，南端直达深圳湾。市民广场是市民中心的附属空间，使市民中心处于少年宫、文化中心、图书馆等建筑的围合中，赋予了市民中心的明确中心性，且无体量冗重之感。大屋顶下门方、圆两个筒体组成的“门”字，既体现了空间的接纳性，又使空间通透，强调了轴线的南北延伸，无阻隔之感。

从上述比较可见，对城市空间的理解正确与否，是建筑空间环境组织成败的关键。

——对待民族文化的态度差异

建设现代化国际名城，不能摆脱资源环境与历史文化的客观存在，不能忽视城市的基本特点、战略优势与城市功能。吴良镛先生在《广义建筑学》中指出，在经济快速发展的形式下，城市在建设中必须保护城市的文化遗产，保持特有的城市的特色。北京东方广场设计对本土的民族文化态度是敷衍和应付的态度，其实质是一味地追求城市开发利益，忽视北京城市风貌，以至于建筑界和北京部分市民纷纷考察其“丑”，着实是北京在长安街上的又一败笔。

而深圳市民中心，由于设计者对中国文化的把握和定位，在一个不足20年建市历史的城市，力求在设计里，贯穿中国城市的优秀传统，不追逐形式，更避免模仿，不求形似，力求神似，运用民族文化特征创造了城市特色和独特城市空间，使人们在体验到中国的传统精神时，又直接感受人类21世纪的文明生活。

建筑文化不同于其他艺术性文化，它一方面是与建筑的使用功能紧密衔接的，基本上是功能体现了文化；另一方面，又是工程的艺术，是通过动用大量的人力、物力、财力来建造的，因此，建筑文化必然具有强烈的时代性与民族性。

——对城市交通影响的得失

北京的交通堵塞是有目共睹的，而长安街的交通更是难中之难。以每百平方米0.5辆计算，东方广场将需要4500车泊位（基本可通过三层停车场解决），带来约20000个车流量，又由于东方广场的商场、酒店、公寓均定位高档和五星级，交通以小轿车为主，使交通问题雪上加霜。从长远看，它对长安街的交通影响将远大于其他方面对城市的负面影响。

深圳市民中心是为大多数的公众，而不是为个别少数人服务的，一方面这里是规划中几条地铁的主要站点，可解决大部分的人流疏散；另一方面通过水晶岛交通枢纽的精心组织，既考虑通过车辆的景观，又有效地组织进出中心车辆的流线。此外，地下停车场有近20000个车泊位。

二、关于创建建筑文化的几点思考

北京和深圳都将步入国际化城市行列，东方广场和市民中心都是各自城市政府重大的世纪工程，其建筑文化的非议与欣赏，有其决策者的因素，但也有设计者的因素，归根结底还是对城市建筑文化理解和把握的水平。这一点，值得作进一步的思考。

1. 文脉的继承与发展

马克思说过：“人们创造自己的历史，但是他们的创造并不是随心所欲的，并不是在他们自己选择的情况下进行的，而是在现有的，直接摆在他们面前的，从过去继承下来的情况下进行的。”在城市和建筑的标准化和市场化的今天，我们应深刻意识到，文化是历史的积淀，存留于城市和建筑中，融汇在每个人的生活之中它对城市的建设、市民的观念和行为起着无形的巨大作用，决定着生活的各个层面，是建筑之魂。

2. 建筑风格的理解

从现代建筑诞生一开始，建筑的全球化进程也开始了。随着国际风格的广泛流传，建筑文化的地域性和民族性日趋消失。这应当引起关注。我们应当看到，一方面，优秀的地域文化在适应当地的气候、维护生态环境、体现可持续发展等方面，均有自身的优点，同时，在促进社会的稳定和人际关系和谐中，具有重大的社会凝聚力；另一方面，地域性建筑文化将随着历史的发展而发展，有一个发展和更新的过程。特别是随着全球意识的兴起，摒弃封闭落后的功能模式，变革与现代生活生产方式不适应的部分，努力寻求地域文化与全球意识的结合点，把民族优秀的传统文化融汇进现代建筑文化之中，是建筑师创造建筑风格所首要解决的问题。

3. 城市空间的对待

一个建筑工程，从东南西北四个面的体量和轮廓总体思考是必要的，但在方案确定前期应多考虑些城市空间方面的内容(包括交通、绿化、景观等)。这是设计的切入点，这里暂时没有建筑风格、建筑形象的干扰，这种设计思维方式是非常重要和需要提倡的。一个城市的整体美，是由许多城市片段的完美组合而成的，现在建筑界常说的“建筑回归城市”的内涵大约就在于此。

从狭隘的环境观念演进到更广义的环境观念是面对21世纪的思想和行为的转移。21世纪是讲究环境的世纪，从整体环境出发来评价一个设计，从内外空间环境质量，来衡量一个实际所体现的功能效应，应该是时代的要求。当今世界文化正趋多元化、地区化和民族化，建筑文化也不例外。在把建筑风格、建筑艺术、建筑特色提升为建筑文化并希望有声有色有所创造时，应该认识到现代建筑与传统特点相结合，利用传统的建筑语言、借鉴传统的建筑特征使之与现代建筑相融合仍然是21世纪可行而需要坚持的道路，这也应是21世纪的建筑观。

参考文献

1. 建筑掠影：东方广场．中国建设发展．1999年(1)
2. 乐民成．深圳市新建市中心的“市区设计”．建筑学报 1997(1)
3. 曾坚等．试论全球化与建筑文化发展的关系．建筑学报．1998(8)
4. 吴良镛．21世纪建筑学的展望．建筑学报．1998(12)
5. 孙骅声等．与国际结合，做好城市设计．城市规划．1996(8)
6. 吕正华．文脉与特色——建筑形态的文化特色．沈阳城乡规划．1998(1)
7. 陈世民．寻求建筑的时代风采．建筑师(87)

汪科，清华大学建筑学院工程硕士

“欧陆风格”的社会根源

蔡永洁

探讨一个在学术领域里本来并不存在的概念似乎毫无意义，但由于这一概念在全中国家喻户晓，大众媒介里也广为传播，还时常有什么设计师在电视里为自己的“欧陆风格”设计作宣传，看来其影响极其广泛。近些年来这种从建筑设计手法和建筑装饰上采用欧洲传统建筑风格及装饰元素的房屋几乎席卷了整个中国。从历史上看，这种现象不是第一次。在美洲、非洲、亚洲的一些欧洲人的殖民地区都曾有发生，在美洲至今也还有人建造，但那里今天的主人毕竟主要是欧洲人的后裔。从建筑风格上看，中国的所谓“欧陆风格”实际上是一种欧洲殖民建筑风格的翻版和延续。然而今天的中国早已不是欧洲人的殖民地了！

前些日子，笔者的两位来自欧洲的艺术家朋友途经上海，看到满目的“欧陆风格”建筑不禁张口结舌，问我，你们中国人为什么造这样的建筑物？我当时无言以答。我十多年生活在欧洲，如今回到国内，对这一事实虽难以接受，却未曾深刻考虑过这一现象的动机。朋友的提问使我萌生了想真正探讨一下这种所谓“欧陆风格”建筑产生的社会根源的念头。

“欧陆风格”、“罗马柱”、“欧式建筑”、“欧式现代建筑”这些在学术本来并不存在的概念首先反映出中国大众对欧洲文化的崇尚。近代以来，欧洲文化在中国的渗入以及欧洲各强国在中国政治、经济上的干预迫使某些中国人在对“洋人”的态度上产生了一种莫名的不平衡，一种心理上的障碍。崇洋心理在中国文化和经济全面复兴以前都是不可能完全消失的。某些中国人今天对美国那种又羡慕又嫉恨的心理就是最佳反映。近些年来随着经济的迅猛发展，市民生活水平的不断提高，城市化的加剧和城市设施的不断更新，出现了前所未有的建筑热，也出现了难以置信的“欧陆风格”。中国人也想现代，所以要抄袭西方的建筑，似乎西方的一切都成了现代的化身，然而却不知这种“欧陆风格”的建筑在欧洲国家早已是历史了，只有在一些有相当殖民地历史的国度某些遗老还在沿

纯殖民式风格的别墅

袭。就像拿起一份旧报纸试图去寻找当今的新闻一样，有些人拾起了欧洲人早已遗弃的东西还以为这就是现代！

看近现代史，中国也曾在建筑实践中大量运用西方的风格。沿海和沿江一带的早期开放城市如上海、天津、武汉、广州等地早就有借鉴或抄袭西方建筑的现象。也曾有外国建筑师在中国造洋房的历史。但这段历史与旧中国半封建半殖民的社会性质有着紧密的关系，不能与今天的“欧陆风格”相提并论。当时的殖民式建筑所代表的西方文化对半封建社会的中国人来说或许的确是某种先进的东西。50年代北京的十大建筑虽说与中国传统建筑文化有某些生硬的关系，但其意识形态的因素占了主导地位。苏联的影响使这些新中国的第一次现代建筑尝试走上了教条主义和形式主义的道路。这些虽早已成为历史，但中国人却从中经历了欧洲的建筑文化。所以当中国重新开放时，大众对这种外来的东西并不陌生。以沿海一带的“欧陆风格”建筑尤为普及这一事实便可说明。有了这一段历史的铺垫，大众对这种“新东西”的接受显得容易多了。拿上海为例，“欧陆风格”的建筑物甚至还与殖民地时代的老建筑形成某种“精神上的呼应”!?

盲目抄袭别人的东西是堕落，抄袭别人早已遗弃的东西便是愚昧。建筑本应是时代文化的记录，没有文化的民族才会拼命抄袭外来的东西。笔者以为，“欧陆风格”的盛行是我国社会缺乏现代文化的反映，它的出现首先暴露出我们还没有找到自己的现代建筑文化。看西方建筑史，欧洲人在工业化之前便经历了建筑风格的多次变迁。变对欧洲人来说早已是一种自然。现代建筑首先在欧洲出现也便是顺理成章，这与法国大革命所带来的自由思想以及工业化运动所产生的新技术密切相关。而中国人的历史负担则太沉重了。每当谈起中国的现代建筑道路时，都希望加上“中国式”的字样，仿佛耽心中国人创造出来的东西不属于中国文化的了。如果中国的建筑师都有颗平常心，抛弃历史包袱，独立思考，一个血管里流着中国人血液的人不可能创造出别人的东西来。他创造的东西肯定是他真心向往的，肯定是中国式的。由于缺乏高尚的现代文化，寻找替代物当然不可避免。中国大陆的开放明显受着港台及邻近地区俗文化的影响。近些年来，港台电影、电视、文学及其他文艺形式充满了大陆的大众媒介。电台、电视台的主持人似乎普通话也讲不标准了，以带着港台腔为荣。电视里也常有节目主持人请来某位在国外混不下去的“著名艺术家”去评论“欧陆风格”的楼盘。众所周知，由于国门开放，大陆受邻国影响不可避免，于是邻近地区的“欧陆风格”式样的建筑便趁虚而入，堂而皇之地进入了中国大陆的建筑市场。从这个角度看，“欧陆风格”的流行也是中国俗文化的表现。从本质上讲，中国人想学西方，但并不真正了解西方人的思想，知道的往往只是表面的现象。国人出国门往往只是走马观花，拍拍纪念照而已。事实上，中国人对自己也了解甚少，不然中国科技史权威怎么会是李约瑟，而反映出中国传统建筑文化的现代建筑杰作怎么是波特曼设计的?不了解自己，也不可能了解别人。

“欧陆风格”的盛行与十多年前学术界某些误导也有关系。80年代正是欧美后现代主义思潮及实践逐步衰退的时代。当时的中国国门才开放不久，对西方文化的了解十分贫瘠，导致了在学术界错把后现代主义风格当成了现代建筑发展的主流，而不知这已是昙花一现。笔者读书时也曾尝试过作“中国式的后现代主义建筑”，显然十分荒唐。当时的中国学者有多少人能有机会在西方长时间地亲身经历那里的建筑活动，系统全面地研究西方的现代建筑文化?这一缺陷导致了对西方建筑思潮的片面介绍，后患无穷。由于今天的“欧陆风格”与西方当年的后现代主义建筑在形式上有些相似之处，所以从后现代主义到“欧陆风格”的过渡十分顺利。那时学生也正是今天从事建筑实践活动的生力军，也许学生时代还记忆犹新，于是拿起查尔斯·摩尔或麦克尔·格雷夫斯的作品集来翻阅显得十分自如。

“欧陆风格”的泛滥更反映出当今中国社会普通存在的物质欲望，它是物质主义化的表现。贫穷贯了的中国人今天终于有些富裕了起来，然而由于文化素质的低下，追求豪华、奢侈成了他们的嗜好。这一社会现象也必然反映到建筑实践中来。繁杂的装饰成了实现这一欲望的直接手段。有多少大款们会让建筑师在他们的住宅里放上“罗马柱”甚至镀金构件?建筑师也担心不搞装饰建筑会显得单调或不豪华。好大喜功本是中国人的一大特性，在建筑上追求装饰以表现宏伟也应证了这一事实。当年的欧洲人也有过类似的历史，对他们的大多数人来说这已是过去。今天的中国人却都梦想着开宝马或奔驰轿车，把拥有这些东西作为自己社会地位的象征。他们却常常忘记这些车本来只是交通工具。对物质的狂热追求本也是社会文化素质低下的表现。从这个角度看不难理解，为什么健康的、代表着建筑文化主流的真正的现代建筑(它远不只是西方文化的产物，它代表着今天整个世界建筑文化的动向)迟迟不能在中国土地上生根发芽，而是受到“欧陆风格”的严重挑战。

建筑师的无能或软弱也助长了“欧陆风格”的盛行。我不能说建筑师都没有意识到这一风格的后果。但在当今的中国社会里建筑师的地位还没有提高到应有的程度，在社会中的权威也完全没有树立起来。在实践中建筑师基本上还是跟在业主的身后，以能讨好甲方顺利过关而庆幸。不能排除有的建筑师除了抄袭别无它用。抄一本殖民地建筑的集子便成了自己的作品，皆大欢喜。有的也许意识到了“欧陆风格”的不健康，但却无力说服业主，一人对抗社会难乎其难!于是听随业主的旨意，忘记了自己作为建筑师对社会应尽的责任!再则时间的紧迫也促使了建筑师的妥协。今天的建筑工程哪一个不是快速设计?如果谁想努力说服业主放弃“欧陆风格”要花上大量的时间和精力，最后也许是一事无成，谁愿意去冒这个险?项目太多，设计周期太短，任它去吧!有些建筑师无论从专业能力还是从社会能力上看都无力说服业主采纳自己的方案，时间长了便养成习惯从不尝试了。从另外一个角度讲，金钱的诱惑也是一个实在的因素。有现成的“欧陆风格”实例可抄，为什么还要动脑筋花时间去做设计?尽快满足业主的意愿搞到设计费岂不轻松?

最后我还想说明一点，“欧陆风格”的推广与我国改革开放初期建造的大量简易的火柴盒子式的低档建筑物有相当关系。这种与所谓“国际式风格”相仿的，甚至带有贫民窟色彩的建筑物让大众早已生厌。于是人们在寻找一种新型的、有装饰的建筑形式来取代这种单调乏味的房屋。据说有的城市还立下条令，规定不是“欧陆风格”的设计项目不予审批。于是抛弃了一种价廉的东西，却又拾起了另一种廉价的东西。

近两年来的发展却显示出，“欧陆风格”这出戏已开始进入尾声。所以完全否认国人的想象力与创造力显然不公正。但这一奇特的现象给中国城市留下的痕迹是十分明显的。在许多地方已让人怀疑我们还是否生活在中国的土地上。成片的“欧陆风格”建筑其让人感觉到了某个欧洲的现代殖民地。归纳起来，笔者认为，“欧陆风格”在中国的出现和泛滥反映出我们自身社会素质的不足以及表面化的倾向。

我时常看见在上海杨浦区的某些城市道路的围墙边有些中年男子在光天化日之下不顾众目睽睽公然解开裤裆“方便”。有修养的人会指责这些人素质的低下。按照这个逻辑，“欧陆风格”的出现与杨浦区围墙边那些“方便”的男人有某些共同之处。

2000年12月于上海

“欧陆风格”的高层居住楼。

公共艺术关怀谁？

——红领巾公园公共艺术展的启示

乔 迁

2000年1 2月27日下午，“阳光下的步履——北京红领巾公园公共艺术展”在位于北京东四环的红领巾公园开幕。此次展览是结合红领巾公园的规划改造工程，在红领巾公园领导的支持下，由北京建筑艺术雕塑厂研究室的雕塑家历时一年完成的。这些作品已成为公园环境的有机部分，将永远安放在这里。

自2000年5月首批作品竣工以来，该公园的公共艺术已逐渐被广大公众接受和喜爱，并引起了建筑、园林、艺术界专家学者的注意。

红领巾公园是一个新园，地形地貌的人工痕迹较少，也没有多少历史文化背景，环境基础比较自然。同时，作为少年儿童活动的主题公园，主要为公众提供一个游玩、娱乐和学习的公共空间。

艺术家根据实地考察体会，创作了一批具有轻松趣味性主题，单纯明快的形式，洋溢着人性关怀的作品。环境给艺术家以灵感，艺术家给环境以崭新的生命力。

这批作品在设计时，侧重有所不同。有些作品主要从与环境的关系入手，丰富空间意味。许庚岭的《异形路灯》，用一根拔地而起的曲板，打破了原有广场规则镶嵌地面的单调，巧妙地使原有环境参与到作品中来，意趣盎然。朱尚熹用建筑管架及扣件构成树形的《风树林》，象征三棵“生命之树”，树冠上缀满红色的小风车，风车随风转动，勾起人们对儿童时代的回忆。宫长军的《风向标》，以天空为背景，使空间更有人性化情绪。还有些作品强调了观念的参与性。尹刚把鸟笼放大到4m高的尺寸，人可以走进去休息。此时，鸟笼与人构成了完整的画面。还有《河马》、《欢乐虫虫》、《蘑菇》、《芽形座椅》等，都成功地实现了美化与实用的结合，作品与大众在不自觉中进行着温馨的交流。赵磊的《海之梦》，把海搬到了树林中，树如水草，天空如水，五彩缤纷的鱼儿在游动，制造了一个亦真亦幻的梦境。《蝴蝶梦》、《老鹰来了》、《笋》等，用不同的形式语言，叙述自然的精神，唤起观众对自然的爱心。

地之灵（冷拔钢） 许庚岭

红领巾公园公共艺术品的成功来自于一个契机。20年来中国公共艺术的发展，已经有了足够的经验可以学习，足够的教训可以吸取。另外，红领巾公园方面给了北雕的艺术家一个宽松的创作环境，让艺术家自己选址、选题，这无疑可最大程度上发挥艺术家的创造潜能。艺术家与需方合作上的平等态度，为这批公共艺术品的成功打下了基础。

能够获得广泛的承认和赞誉，证明了这批作品的成功。成功来自于艺术家深刻认识了公共艺术的内在规律，从接受群体的利益出发，尊重公共性的价值取向。最后，创造了一个充满人性化的公共空间。

公共艺术是在公共空间中的艺术，它是由艺术品、环境、观众三方面因素构成的。公共空间的核心在于公共性，主要是一个人文概念。公共性是公共艺术三种因素互通的桥梁。艺术品与环境的协调，首先是物质层面的协调，在一定的自然环境下，艺术作品要有相应的位置、体量、造型、材料、色彩与之相适应，在形式美上建构一个整体；另一方面，在人文层面上协调，特定的环境总有一个特定的人文特征，这包括历史的文化积淀和观众群体的审美取向，作品所传达的精神应该成为这一特定环境的有机环节。当然，这两方面的协调是在共时下互渗完成的。

公共艺术中的艺术品的独立自足价值的重要性，已让位于它和环境共创的整体价值。公共艺术中的个性和共性都要服从于公共性需求。公共性是在一定的历史发展中形成的，在社会环境中体现的一种民主特征。公共性在公民意识形成之后才会产生。公民意识是在一个开放时代，经济市场化后，公民物质生活有了初步保障，文化较为开放，制度走向民主化过程中，对个体人格价值的发现而形成的。普遍的个体价值取向，构成了公共价值的基础。公共性最重要的一点是对个体的尊重和对利他性原则的坚持。

公共艺术的公共性是起点，也是终极目的。利他原则，体现在对普遍人格的尊重和对人性的关爱上。

公共艺术的环境、艺术品、观众三要素的协调，要通过平等对话的方式实现。平等对话的原则是在一种因素对另一个因素尊重的基础上进行的。

中国的公共艺术经过20年的发展，正在走向成熟。北京红领巾公园公共艺术的实践，在公共艺术自律的探索上，取得了显著的成果，而尤为重要的是它给我们带来的启示——公共艺术要关怀谁？

乔迁，清华大学美术学院博士

苏醒的圆环（材质：混凝土、砖头）　朱尚熹

海之梦（钢材喷漆）　赵磊

红领巾公园公共艺术展场景

陈从周先生追忆

薛求理

古建筑园林学家陈从周先生于2000年3月去世，享年八十有二。陈先生的下世，实乃中国文化界的重大损失。

陈从周先生1944年毕业于杭州之江大学中文系。之后在上海、苏州等地中学教书。1949年他曾编就刊行《徐志摩年谱》，那是比较早的关于徐志摩的研究。40年代末，陈先生在油画家颜文梁先生主持的苏州美专和黄作燊先生主持的上海圣约翰大学建筑系教授中国建筑史和艺术史。1952年并入同济大学建筑系，在那里展开其后半个世纪的生涯。

陈先生虽非建筑科班出身，但其深厚的中国文化和文学功底却使他在古建筑和园林领域大显身手。50年代初、陈先生每周末都由上海往苏州苏南工专兼职教书。教课之余，他则在苏州穿街走巷，遍访名园，以笔记本、照相机、尺纸为佐。数年积累，陈先生赫然成了"苏州通。"1956年，陈先生的皇皇大著《苏州园林》由同济大学出版刊行。

《苏州园林》是1949年后国内出版的第一部苏州园林专著，这本书汇集了陈先生拍摄的数十幅苏州园林黑白照片，每幅照片下配上诗词，精当地点出了苏州园林的恬美、诗意和小中见大的意境。记得有一幅拙政园扇亭(与谁同坐轩)的照片，底下题苏轼词句"与谁同坐，明月清风我"，真乃佳绝。另有一幅庭院洞门景色，则用了"庭院深深深几许"的词句。这在50年代，确是十分有新意。

此书卷首有一篇数万字的文字，将园林之造景手法、园林建筑之类型构造一一详加介绍。记得其中有一段讲园林四季的造景意境，残荷听雨、风花雪月。既是造景的描述，又是文字中精品。20年前，我把这段文字抄在中国建筑史笔记本上，惜乎现在一时找不出来。

《苏州园林》由路秉杰先生译成日文，1983年在日本出版，台湾似乎也翻印过。1980年以来，园林的著作大量泛滥，陈陈相因，有的书竟整段搬用陈先生50年代的论述，实等而下之。

"文革"前的一段时期，陈先生南来北往调查测绘古建筑，很多文章发表在《文物》、《考古》杂志上，一些议论建筑文化的文章则刊发在香港《文汇报》。他亦与国内诸建筑史家过往甚密，如梁思成、林徽因、刘敦桢、卢绳等。50年代，他参加了《中国古代建筑史》的编写工作。但真心使陈先生名声大振的，似乎还是1978年以后。

1978年，美国纽约大都会博物馆来华洽商将中国园林在该馆展出。陈先生参与其事，他提出将苏州网师院殿春簃复制展出。陈先生认为，殿春簃的风格最能代表明以降的中国园林风格，其尺度亦适宜于在室内展出。殿春簃由苏州工匠仿制构件，在大都会博物馆现场拼装，取名"明轩"，一时结为美谈。陈从周先生因此获机会于1979年访美，他应是改革开放后同济教师中赴美访问的先行者。他在纽约工作会谈之余，拜访了刚在美国声誉雀起的贝聿铭先生。贝先生设计的华盛顿美国国家美术馆东馆刚刚建成，1979年获美国建筑师学会金奖，春风得意。陈先生去贝聿铭家访问，作诗一首赠贝先生："树高千丈叶归根，缩地移天若比邻，装缀山河凭妙构，兴移点笔故园春。"(我以后写贝聿铭文章时，陈先生将此诗抄送给我，惜乎原信找不到了)贝与陈相谈甚为投机。同年，贝聿铭回北京设计香山饭店，即请陈先生顾问选址和园林事宜。1981年4月，贝先生来同济大学讲学，又多次提及"陈老师"及其影响。得到贝先生的推崇的人，恐不会太多吧。

陈先生访美返沪，在同济新村工会俱乐部作观感报告，讲堂里塞满了听众。陈先生穿着出国时的一件簇新中山装，风纪扣也钮着。忽然背痒，陈先生用手搔一下，隔衫搔痒，不能恰到好处。陈先生索性当众解开风纪扣，搔个痛快。众皆大笑。

1979年，《同济大学学报》开始筹办建筑学专版，陈从周先生撰写《说园》一篇，详述造园手法，古园保护，叠山理水。之后，一发不可收，《说园》一直写到“续五”。《说园》五篇在1983～1984年间曾由多家出版社结集。包括在上海文化出版社之《园林谈丛》上出现。1984年，同济大学出版社成立，五篇《说园》由陈从周内侄蒋启霆先生用蝇头小楷抄写，又由复旦大学外文系诸先生译成英文，配以古代造园图三十二幅，精美装帧出版。此书精辟总结了中国园林要义及古为今用方法，如因地制宜，对景，借景，人工造景，植树，亭台楼阁，山石水池等等。

这本书到1994年时，已印了四次，印数近6万本，其受欢迎程度，可见一斑。

与此同时，陈先生的大著《扬州园林》又问世。在《扬州园林》中，陈先生指出了扬州园林处于北方园林和南方园林的中介地位。该书还介绍了个园和瘦西湖边的一系列扬州私家园林，资料翔实丰富。那年头，同济教师在扬州设计了最高档的西园饭店和最高的扬州宾馆。想来与陈先生的调研活动都有些丝缕联系。

20世纪80年代末，陈先生与同事合作的《江南古桥》、《江南厅堂》、《上海近代建筑》等著作相继出版，成为这些专题学科领域的重要参考文献。陈先生积蓄一生的学识，主要在80年代喷发出来。

1980年以来，陈先生奔走於大江南北，为古城保护、名园修复而顾问忙碌。去得最多的，诸如绍兴、海宁、吴江、嘉兴、扬州、山东、宁波等地。在上海，他指导修复了豫园东部，其中的戏园尤为精彩。陈先生走到哪里，字就题到哪里。在上海、绍兴、泰山、张家界，我都目睹了陈先生的摩岩题字。

在繁忙的建筑与顾问活动中，陈先生写下大量文章，这些优美的文字使尘封在历史中的园林旧构、村落民居重现魅力和光彩。这些文章结集于《园林谈丛》、《书带集》、《春苔集》、《帘青集》、《陈从周诗词集》、《梓室余墨》等书(上海文化、上海人民、上海科技、同济、广州花城，香港三联等出版社出版)。

这些文章记叙了陈先生对故园故人的谈往忆旧，如浙江的老师，徐志摩日记的发现，林徽因诗文，梁思成的谐趣，陆小曼的画作等等。对自然风光一草一木的感情及由此勾起的诗情画意。向晚的秋水，列车外忽闪过的濛濛雨景，江南的柔波软风，孤灯窗影，在陈先生的笔下都显得面面生色，处处有情。还有相当一部分文章宣泄着对古城古建被拆被毁、环境遭到日益破坏的焦虑和无奈。“城池已随人意改，漫盈清泪上高楼”，陈先生的“清泪”和呼号感动了一些地方领导，也保护了一批文物。

陈先生的这些短文章，多数首先发表于上海的《新民晚报》，拥有上百万读者。这些文章对于传播美育和精神文明，起到了巨大作用。但亦有人不以为然，说这些文章都是“非学术性”的小文章。陈先生对这些谬论非常生气，说(升职称时)这些文章应“统统都算”。这些小文章与陈先生的皇皇巨著相比，有着更加独特的功能，有力地传播了中国文化，园林之美，自然之美，昆曲之美。也使陈先生成为走出书斋，为大众欢迎的学究。什么叫学术文章，实应以学科和文章起到的作用而归类。联想到香港学术机构对文章的鉴定，非英文不算，亚洲出版物不算。真乃滑稽。

我在断断续续写这篇短文的时候，手头除一本《说园》外，只有一本《帘青集》(同济大学出版社1987年版)。该书中有五篇香港游记，写作于1985年。这里不吝笔墨试摘几段以示陈先生关于自然与人工的一惯看法。

“地名能冠以一个香字，实以虚出，用辞太巧妙了……人们到香港，可以说只向上看，而不肯低头，而我却甘居下流，为俯观的绿化逗住了。看惯了上海黄浦江苏州河黑波的人，见到这绿得比翡翠还要明洁澄莹的迷茫沧波，我有些飘飘然了。”

“因地制宜”在香港人的心目中，看来是多余的事。真山是破坏了，而又拼命地在铲平的地面上堆假山；海湾填平了，到处迅速地造喷水池。假山呢?那些石头，不是排排坐，就是个个站，有的竖蜻蜓，有的叠罗汉，武打出场，观众叫‘好’。有着真山水的范本，反而视若无睹。”

关于大屿山大佛，“从巨大尺度来看，确是惊人，然而山那么高，那么大，佛像再高大也敌不过山，虽大亦小也。古代凿刻大佛，外必有龛，龛内藏佛，仰之弥高了。如今山顶建大佛，名之为吃力不讨好。从水面望去只见其背。佛像宜正面观，如今孤矗山顶，教人观景无所适从。”

这几篇《香港侧影》，纵横捭阖，视角独特。我在香港栖居数年，对这些意见深有同感。

俞平伯先生为陈先生的文集(记不清是

《书带集》还是《春苔集》)写序时说到，文章者天趣与学力，而陈先生则两者兼备。叶圣陶先生生前的一篇长文，即是品评《扬州园林》，在《文汇报》上刊了一整版。而冯其庸先生则认为，陈从周“治建筑园林，治诗词，治书画，治昆曲，治考古文物，治种种杂学，谐能融合惯通，化而为一，所谓文武昆乱不挡，是为大家，是为人师。”是“百川汇海融而为一者。”“兄文章如晚明小品，清丽有深味，不可草草读过；又如诗词，文中皆诗情画意，更不可草草读过；又如听柳麻子说书，时作醒人醒世语，时作发噱语，然皆伤心人，或深心人语也。”(《帘青集》序)

我觉得，陈从周先生的最大贡献莫过于将中国文化与古建筑园林相结合，以中国文字揭示出古建筑园林的境界和意义。另外，他以行动保护和重建了一批民居和园林。其功绩和贡献实可比拟于50年代的梁思成先生。

我有幸听过数次陈先生的讲座和讲课，也去他在同济新村“村四楼”的寓所拜访。说是拜访，多是借个什么因头去教授楼张望一番。“村”字楼是同济新村中最高级的住宅。陈先生居底楼，客厅外有一方栽植绿化的园地。室内悬有苏步青的题诗和陈先生最擅长的竖长条一笔竹画。陈先生在他的“梓室”闲坐；窗前清风，帘外疏影，他操着绍兴普通话侃侃而谈。陈先生熟悉沪上掌故风情，对时弊则是嬉笑怒骂。听他讲话时另外一种情趣。

1982年，我入读硕士研究生。那时同济一届建筑、城规研究生加起来也就15人左右，与今日上百人一届的研究生自不能比。开学前，建筑系诸导师，教授与学生见面。众生皆怀惴虔诚心情听老师训诫。前面诸先生皆说些温厚勉励之语。轮到陈先生发言，他说，不要以为装模作样夹了本外国书，就是有学问了。引得众人大笑。话虽直率，今日想想还是有道理。

1990年7月，我博士论文答辩时，陈先生在答辩委员会中就座。同济建筑系馆会议室的空调机呼呼作响，却毫不制冷。陈先生、众评委和一屋子的师友就焗在蒸笼似的热屋中。陈先生的戏语引得满屋大笑，答辩气氛也轻松起来。

陈先生在同济校园中被戏称为“老夫子”，既有对他学富五车的尊敬，也是对他“迂腐”的一种注释，亦可见他随和的一面。常见他骑一辆破旧的老爷自行车(上海人称为“老坦克”)奔走于财务科、器材科办事。走到哪里，一大批男女老幼职员总是围着他，引他说笑。我每买他的新书，也总是在路上拦着他签名，于是他就签下“求理弟正之”。

1987年，陈先生的唯一儿子在美国遇难，对他的晚境打击难以形容。陈先生顿时苍老许多。自1990年起，陈先生病疾缠身，已很少为文，静寂地走完了生命的最后十年。

我与陈先生虽有幸有些相遇的经历，但我对陈先生的真正认识，皆来自于其书本和文字。陈先生的文字是那般优雅、老练、精到。总是把读者从喧嚣的现实引领到美好的境界。80年代中，我为建筑工程或调研事务，常要乘火车赴外地。车厢中拥塞嘈杂，空气混浊，我只有捧起一本陈先生的书咀嚼，才能感到些清凉和舒心。

陈先生以一个文史工作者的背景，入到大学建筑系教书。在“八国联军”阵容的同济建筑系教师中，自持一格。用今天的眼光来看，这样的文人恐怕是既“创”不了“收”，又完成不了“产值”，百无一用。现今国内办建筑专业的院校少说也该有七八十所吧，如何纳贤养士，关系到提高质量和办出特色。陈先生的经历对现今诸院系主其事者当有启发。

陈从周先生的同代或之后，有着许许多多古建筑史家、园林学家。他们钩沉史料，测绘勘察，会墨线绘图，抑或电脑上网，可能还会胡诌几句海德格尔、胡塞尔。但却少有人像陈从周先生这样文儒和独特，像他这样挚热自己的故园。

我非园林、古建专业，只是陈从周先生的半个弟子和忠实读者。以我之笨拙文笔和缺乏资料来描述前辈大家，实有些诚惶诚恐。但仍勉力为文，希望给学者和同行提供些所见所闻资料。在这人欲横流、喧嚣烦乱的现世，如何守得住心中的一泓清泉，一方草地，不妨温习一下陈先生的道德文章。遥望海上，谨此燃起心香一柱。

2000年8月 · 香港又一村

薛求理，香港城市大学建筑科技学部讲师